彩图9 立枯病

彩图10 根瘤病

彩图11 穿孔病

彩图12 流胶病

彩图13 腐烂病

彩图14 干腐病

彩图15 炭疽病

彩图16 褐腐病

彩图 17　褐斑病

彩图 18　叶斑病

彩图 19　皱叶病

彩图 20　灰霉病

彩图 21　煤污病

彩图 22　轮纹病

彩图 23　白粉病

彩图 24　果蝇

彩图 26　梨小食心虫

彩图 28　白粉虱

彩图 30　吉丁虫

彩图 25　红蜘蛛

彩图 27　桑白介壳虫

彩图 29　红颈天牛

彩图 31　舟形毛虫

彩图 32　铜绿金龟子

彩图 33　潜叶蛾

彩图 34　大青叶蝉

彩图 35　绿盲蝽

彩图 36　瘿瘤头蚜及为害叶片

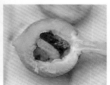

彩图 37　樱桃实蜂

高效种植致富
直通车

棚室大樱桃
高效栽培

主　编　陈　哲　张　杰

副主编　陈宗刚　马永吉

参　编　马素伟　何　英　张海涛

　　　　赵宇菲　庞翠华　郭学荣

　　　　陈亚芹　曾繁荣　卜　飞

机械工业出版社

本书详细介绍了大樱桃的生物学特性及适合棚室栽培的品种,棚室大樱桃生产设施,大樱桃的苗木繁育,棚室大樱桃的栽培管理,大樱桃病虫害及缺素症的防治,棚室栽培灾害的防止,果实采收、分级、包装与运输。本书采用图、文、表结合的形式,穿插"提示""注意"等小栏目,可使读者更好地理解、掌握。

本书内容丰富、科学实用,可供广大樱桃种植者、基层农业科技人员及农业院校相关专业师生参考。

图书在版编目(CIP)数据

棚室大樱桃高效栽培/陈哲,张杰主编. —北京:机械工业出版社,2014.9 (2023.2 重印)

(高效种植致富直通车)

ISBN 978-7-111-46950-6

Ⅰ.①棚… Ⅱ.①陈… ②张… Ⅲ.①樱桃–温室栽培 Ⅳ.①S628.5

中国版本图书馆 CIP 数据核字(2014)第 119168 号

机械工业出版社(北京市百万庄大街 22 号 邮政编码 100037)
总 策 划:李俊玲 张敬柱 策划编辑:高 伟 郎 峰
责任编辑:高 伟 郎 峰 李俊慧 版式设计:常天培
责任校对:黄兴伟 责任印制:李 洋
三河市骏杰印刷有限公司印刷
2023 年 2 月第 1 版第 7 次印刷
140mm×203mm · 5.125 印张 · 2 插页 · 131 千字
标准书号:ISBN 978-7-111-46950-6
定价:25.00 元

序

　　园艺产业包括蔬菜、果树、花卉和茶等，经多年发展，园艺产业已经成为我国很多地区的农业支柱产业，形成了具有地方特色的果蔬优势产区，园艺种植的发展为农民增收致富和"三农"问题的解决做出了重要贡献。园艺产业基本属于高投入、高产出、技术含量相对较高的产业，农民在实际生产中经常在新品种引进和选择、设施建设、栽培和管理、病虫害防治及产品市场发展趋势预测等诸多方面存在困惑。要实现园艺生产的高产高效，并尽可能地减少农药、化肥施用量以保障产品食用安全和生产环境的健康离不开科技的支撑。

　　根据目前农村果蔬产业的生产现状和实际需求，机械工业出版社坚持高起点、高质量、高标准的原则，组织全国20多家农业科研院所中理论和实践经验丰富的教师、科研人员及一线技术人员编写了"高效种植致富直通车"丛书。该丛书以蔬菜、果树的高效种植为基本点，全面介绍了主要果蔬的高效栽培技术、棚室果蔬高效栽培技术和病虫害诊断与防治技术、果树整形修剪技术、农村经济作物栽培技术等，基本涵盖了主要的果蔬作物类型，内容全面，突出实用性，可操作性、指导性强。

　　整套图书力避大段晦涩文字的说教，编写形式新颖，采取图、表、文结合的方式，穿插重点、难点、窍门或提示等小栏目。此外，为提高技术的可借鉴性，书中配有果蔬优势产区种植能手的实例介绍，以便于种植者之间的交流和学习。

　　丛书针对性强，适合农村种植业者、农业技术人员和院校相关专业师生阅读参考。希望本套丛书能为农村果蔬产业科技进步和产业发展做出贡献，同时也恳请读者对书中的不当和错误之处提出宝贵意见，以便补正。

中国农业大学农学与生物技术学院

2014 年 5 月

前　言

　　大樱桃是北方落叶果树中果实成熟最早的树种,其果实成熟时色泽鲜艳、味美形娇,且营养丰富,具有较高的保健价值,素有"果中珍品""春果第一枝"的美称。在生产中利用塑料大棚和日光温室等保护设施栽培大樱桃,使大樱桃鲜果比露地栽培提早上市 1~4 个月,不仅延长了鲜果供应期,也给生产者带来了可观的经济效益。

　　近年来,利用塑料大棚和日光温室栽培大樱桃已成为农村一种新兴的高效产业,发展较快。为了满足广大生产者的需求,编者组织相关人员进行了大量的考察和深入研究,根据多年的教学和生产实践经验,在参考国内大量资料的基础上编成了本书,以期对我国大樱桃棚室栽培产业的发展和管理技术水平的提高提供些许帮助。

　　需要特别说明的是,本书所用药物及其使用剂量仅供读者参考,不可照搬。在生产实际中,所用药物学名、常用名和实际商品名称有差异,药物浓度也有所不同,建议读者在使用每一种药物之前,参阅厂家提供的产品说明以确认药物用量、用药方法、用药时间及禁忌等。

　　本书由陈哲、张杰主编,陈宗刚、马永吉担任副主编,马素伟、何英等参加了部分编写工作。在书中,设有"提示""注意"等小栏目,应用线条图、现场照片图,使内容更丰富、形象直观。在编写过程中也参考了很多资料,在此对所参考相关资料的原作者表示衷心的感谢。

　　限于编者的实践经验和理论水平,书中难免有不妥之处,敬请有关专家及读者批评指正。

编　者

目 录

第四章　棚室大樱桃的栽培管理

第五章　大樱桃病虫害及缺素症的防治

第六章　棚室栽培灾害的预防

第七章　果实采收、分级、包装与运输

附录

参考文献

第一章
概　述

大樱桃果实色泽鲜艳，味美形娇，营养丰富，外观和内在品质俱佳，是北方落叶果树中继中国樱桃之后上市最早的果品，对调节鲜果淡季市场供应，满足人民生活需要方面，有着特殊的作用。

棚室栽培大樱桃是增加大樱桃产量和提高栽培效益的一条重要途径。随着农业产业结构调整的日趋深化，棚室大樱桃的高效益日益突出，成为种植业中效益较高的产业，受到各级政府和广大果农的高度重视，使得棚室栽培大樱桃稳步迅速的发展。

第一节　大樱桃的栽培价值、意义与发展趋势

1. 大樱桃的栽培价值

(1) 营养丰富　大樱桃的果实营养价值极高，含有丰富的蛋白质、碳水化合物、钙、磷、铁及多种维生素。据测定，每100g樱桃果肉中含碳水化合物8g，蛋白质1.2g，钙6mg，磷3mg，铁6～8mg，维生素C 126mg（不同品种间其营养成分存在差异）。

(2) 保健价值　大樱桃具有一定的药用价值，其根、枝、叶、核、鲜果皆可入药。果实味甘性温，具有调中益脾、调气活血、平肝去热的功效，经常食用可以促进血红蛋白的再生，对贫血患者的身体有一定的补益。

(3) 其他价值　春季是蜂群的恢复和增殖期，也是蜂王产卵期，大樱桃花期早，对早春蜂群恢复，增强蜂势、扩大蜂群有很大的促进作用。另外，大樱桃木材坚硬，磨光性能好，可用于制作家具。

2. 棚室大樱桃栽培的意义

大樱桃于19世纪70年代传入我国，但受气候条件制约，露地适栽地域有限，主要集中在山东的烟台、龙口、泰安、威海，辽宁的大连，河北的秦皇岛，以及北京、陕西、山西、河南、四川、甘肃等地。

利用塑料大棚、日光温室，通过改变或控制大樱桃生长发育的环境条件，不但能使露地不能栽培的地区，如辽宁、河北北部、内蒙古、新疆、吉林和黑龙江等地，也能够发展大樱桃生产。而且棚室栽培大樱桃不仅解决了露地栽培时植株容易抽条和冻害等问题，还可使鲜果比露地栽培提早上市1~4个月，不仅延长了鲜果供应期，也给生产者带来了可观的经济效益。

因此，在果品市场竞争日趋激烈的今天，棚室栽培大樱桃对扩大大樱桃的种植范围和规模，促进新一轮农业产业结构调整，提高果品生产的经济效益，拓宽农民的增收途径都有着十分重要的现实意义。

3. 棚室大樱桃栽培的发展趋势

（1）适宜栽培的区域小 大樱桃受气候条件的制约，露地适栽区域较小，使得大樱桃总产量及人均占有量，均远远低于其他果品。同时大樱桃又是人们喜食的水果，这决定其有很大的消费空间。因此，大樱桃在北方落叶果树中，是极具发展潜力的一个树种。

（2）市场潜力大 我国目前生产的大樱桃鲜果，主要销往大城市，绝大部分的中小城市很少见到或根本见不到大樱桃，因此，大樱桃的生产发展前景广阔。

（3）效益好 棚室栽培大樱桃，其鲜果比露地栽培的提早上市1~4个月，因此，经济效益不言而喻。

（4）管理简单 大樱桃树修剪量很少，喷药次数一般只有苹果、梨的1/3~1/2。尤其是棚室促早熟栽培，与露地生产不争夺劳力，可充分利用冬闲时间。

（5）技术成熟 经过多年的实践生产，大樱桃棚室促早熟栽培技术已经成熟。

第二节　大樱桃的生物学特性

大樱桃，俗称西洋樱桃，为蔷薇科李属樱桃亚属果树，是欧洲甜樱桃和欧洲酸樱桃及其杂交种的总称,因果实比中国原产的樱桃即中国樱桃大而得名。

1. 根系

(1) 根系的种类 大樱桃的根系可分为实生根系、茎源根系和根蘗根系3种。

1) 实生根系。实生根系是指由种子的胚根发育而来的根系。其优点是主根发达,根系分布深广,生命力强,抗逆性强;缺点是个体间存在差异,往往造成树体大小不一。

2) 茎源根系。茎源根系是指通过扦插、压条、组织培养等无性繁殖方法获得的苗木的根系。其特点是主根不发达或者根本没有主根,分布较浅,细根多,生命力较弱,对环境条件的适应性不如实生根系。但由于是采用无性繁殖,来源于同一个母本,个体间差异较小,建园后植株生长发育整齐。

3) 根蘗根系。根段上或根颈附近的不定芽萌发长成根蘗苗,其根系即为根蘗根系。其特点类似于茎源根系,但往往不对称。

(2) 根系的生长特性 大樱桃树根系的分布与砧木种类、土壤条件、管理水平等多种因素有关。用中国樱桃作为砧木嫁接的大樱桃,须根发达,主要分布在20~35cm的土层中;通过播种种子繁殖的砧木,垂直根比较发达,根系分布较深;用压条等方法繁殖的无性系砧木,一般垂直根不发达,水平根发育强健,须根多,分布比较浅。

土壤条件和管理水平对根系的生长有明显的影响。土壤透气性好、土层深厚、管理水平高时大樱桃根量大,分布广;土壤黏重、透气性差、土壤瘠薄、管理水平差,根系则不发达。

2. 树干

大樱桃树的高度在不修剪情况下可达6~7m,通常小树有中央主干,大树中央主干不明显,形成圆头形或扁圆头形。枝干上有时能形成花束短枝,是和其他果树相区别的一个特点。

3. 枝条

大樱桃的枝条可分为发育枝和结果枝两种。

(1) 发育枝 又称营养枝或生长枝,其顶芽和侧芽都是叶芽。

幼龄树和生长旺盛的树一般都形成发育枝，叶芽萌发后抽枝展叶，是形成骨干枝、扩大树冠的基础。进入盛果期和树势较弱的树，抽生发育枝的能力越来越小，使发育枝基部一部分侧芽也变成花芽，发育枝本身成了既是发育枝，又是结果枝的混合枝。

（2）结果枝 枝条上有花芽，能开花结果，这类枝条称结果枝，按其长短和特性可分为混合枝、长果枝、中果枝、短果枝、花束状果枝5种。

1）混合枝。长度在20cm以上。中上部的侧芽全部是叶芽，枝条基部几个侧芽为花芽。这种枝条能发枝长叶，扩大树冠，又能开花结果，但枝条上的花芽发育质量差、坐果率低、果实成熟晚、品质较差。

2）长果枝。长度为15～20cm。除顶芽及其邻近几个侧芽为叶芽外，其余侧芽均为花芽。结果后中下部光秃，只有顶部几个芽继续抽生出长度不同的果枝。在初期结果的树上，这类果枝占有一定的比例，进入盛果期后，长果枝比例减少。

3）中果枝。长度为5～15cm。除顶芽为叶芽外，侧芽全部为花芽。一般分布在2年生枝条的中上部，数量不多，也不是主要的果枝类型。

4）短果枝。长度在5cm以下。除顶芽为叶芽外，其余芽全部为花芽。通常分布在2年生枝条的中下部，或3年生枝条的上部，数量较多。短果枝上的花芽，一般发育质量较好，坐果率也高，是大樱桃的主要果枝类型之一。

5）花束状果枝。花束状果枝是一种极短的结果枝，年生长量很小，仅为1～2cm，节间很短，除顶芽为叶芽外，其余均为花芽，围绕在叶芽的周围。花芽紧密成簇，开花时好像花簇一样，故称花束状果枝。这种枝上的花芽质量好、坐果率高、果实品质好，是盛果期大樱桃树最主要的果枝类型。花束状果枝的寿命较长，一般可达7～10年。一般壮树壮枝上的花束状果枝花芽数量多，坐果率也高，弱树、弱枝则相反。由于这类枝条每年只延长一小段，结果部位外移很缓慢，产量高而稳定。

结果枝因树种、品种、树龄、树势不同所占的比例也不同。在盛果初期有些大樱桃品种以短果枝结果为主，有些品种以花束状果枝结果为主。但总的来说结果枝与树龄和生长势有关，在初果期和生长旺的树中，长、中果枝占的比例较大，进入盛果期和偏弱的树则以短果枝和花束状果枝为主。

4. 芽

大樱桃的芽，可分为花芽和叶芽两种（图1-1）。

花芽肥大而圆，除着生于中果枝、短果枝和花束状果枝外，长果枝及混合枝基部有 6 ~ 7 个发育良好的腋芽，也常能形成花芽。大樱桃的花芽为纯花芽，每个花芽内平均开花 2 ~ 6 朵。

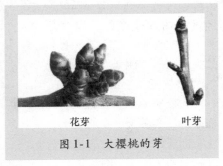

图 1-1 大樱桃的芽

叶芽较瘦长，多分布于各类枝条的顶端，发育枝的叶腋和长果枝、混合枝的中、上部。叶芽萌发后抽枝长叶，形成各级骨干枝和结果枝。

另外，大樱桃还具有潜伏芽，位于枝条基部，其寿命长，是骨干枝和树冠更新的基础。

5. 叶

大樱桃叶为卵圆形、倒卵形或椭圆形。先端渐尖，颜色与果实颜色相关。叶的大小、形状及颜色，不同品种有一定差异。

叶的主要功能是以根吸收的水分和无机营养为原料，通过光合作用，合成有机物。此外，还具有一定的吸收功能，可通过吸收叶面肥，来补充土壤底肥的不足。

> **【提示】** 培养和保护好较多的大而厚的叶片，是大樱桃高产优质的基础。

6. 花

大樱桃的花由雄蕊、雌蕊、花瓣、花萼和花柄构成（图1-2）。每朵花有雄蕊 40 ~ 42 枚，每个花药有花粉 6000 ~ 8000 粒。发育正常

的花，只有 1 枚雌蕊。但在棚室栽培条件下，常出现每朵花有 2 ~ 4 枚雌蕊和花瓣没开、雌蕊先伸出的现象。

大樱桃开花后数小时，花药破裂，释放出花粉。棚室栽培条件下花的授粉过程，主要依靠人工辅助授粉和蜜蜂完成。从开花传粉到授粉，全程需要 48h。花经过授粉和受精后，发育成果实。在授粉中，只有亲和性好的品种，花粉才能萌发。

图1-2　大樱桃的花

7. 果实

大樱桃单果重一般 5 ~ 10g 或更大一些。果实有扁圆形、圆形、椭圆形、心脏形、宽心脏形、肾形等；果皮颜色有黄白色、有红晕或全面鲜红色、紫红色或紫色（图1-3）；果肉有白色、浅黄色、粉红色及红色；肉质柔软多汁；有离核和黏核，核椭圆形或圆形（图1-4），核内有种仁，或者无种仁。

黄白色

紫红色

图1-3　大樱桃果实　　　　　图1-4　大樱桃核

二　年生长周期及其特点

大樱桃一年中从花芽萌动开始，经过开花、萌叶、展叶、抽梢、果实发育、花芽分化、落叶、休眠等，这一过程称为年生长周期。

【提示】　了解大樱桃的年生长周期及其特点，可以采取相应的栽培管理措施，以满足其生长发育需要的条件，达到优质、丰产、高效的目的。

1. 萌芽和开花

大樱桃对温度反应比较敏感，当日平均气温在10℃左右时，花芽开始萌动；日平均气温达到15℃左右开始开花，整个花期约10天。一般气温低时，花期稍晚，大树和弱树花期较早。同一棵树，花束状果枝和短果枝上的花先开，中、长果枝上的花开花稍迟。同一朵花通常开3天，其中开花第一天授粉坐果率最高，第二天次之，第三天最低。

2. 新梢生长

叶芽萌动期，一般比花芽萌动期晚5～7天，叶芽萌发后约有7天左右是新梢初生长期。开花期间，新梢基本停止生长，花谢后再转入迅速生长期。以后当果实发育进入成熟前的迅速膨大期时，新梢则停止生长。果实成熟采收后，对于生长势比较强的树，新梢又一次迅速生长，到秋季还能长出秋梢。生长势比较弱的树，新梢只生长一次。

幼树营养生长比较旺盛，第一次生长高峰在5月上中旬，到6月上旬延缓生长，或停止生长，第二次在雨季之后，继续生长形成秋梢。

3. 果实发育

大樱桃属核果类，果实由外果皮、中果皮（果肉）、内果皮（核壳）、种皮和胚组成，可食部分为中果皮。果实的生长发育期较短，从开花到果实成熟需35～55天。大樱桃的果实发育过程分为以下3个阶段。

（1）第一阶段 为第一次迅速生长期，从谢花至硬核前。此阶段果实（子房）迅速膨大，果核（子房内壁）迅速增长至果实成熟时的大小，胚乳也迅速发育（这一阶段时间的长短，不同品种表现不同）。此阶段结束时果实大小为采收时果实大小的53%～74%，是果实生长迅速，对产量起重要作用的时期。

（2）第二阶段 为硬核和胚发育期。此阶段果实纵横径增长缓慢，果核木质化，胚乳逐渐被胚发育所吸收而消耗，此阶段大约需10天。这个时期果实实际增长仅占采收时果实大小的3%～9%。如果此阶段胚发育受阻，果核不能硬化，果实会萎蔫脱落，或者成熟

第一章 概述

时变为畸形果。

(3) 第三阶段 为第二次迅速生长期，自硬核至果实成熟。此阶段果实迅速膨大，横径增长量大于纵径增长量，果实着色，可溶性固形物含量增加。此阶段果实的增长量占采收时果实大小的23%~38%，这个阶段主要是提高果实品质。

果实在发育第三阶段如果遇雨，或者前期土壤干旱，后期灌水过多易产生裂果现象（图1-5）。因此，生产上要保持稳定的土壤水分状况，维持树势，以防采前裂果。

图1-5 裂果

4. 花芽分化

大樱桃花芽分化时间较早，在果实采收后10天左右便开始进行生理分化，而后转入形态分化，历时1个多月。

在正常情况下，大樱桃每朵花只分化1个雌蕊，但在夏季高温干燥时，1朵花可以分化出2~4个雌蕊，第二年开花结果后，能结出2~4个果连在一起的畸形果（图1-6）。为了促进花芽分化，在大樱桃采收后要及时施肥浇水，

图1-6 畸形果

补充果实的消耗，促进枝叶的功能，制造更多的光合产物，为花芽分化提供物质保证。

5. 落叶和休眠

我国北方地区大樱桃落叶一般在初霜开始时，即约在11月中旬。在管理粗放的情况下，由于病虫危害及干旱引起的早落叶，对树体营养积累、安全越冬会有不良影响，并且会造成第二年减产。

落叶后即进入自然休眠期。大樱桃自然休眠期是以其需冷量来

计算的，需冷量一般为 0～7.2℃ 经过 733～1400h（不同品种的需冷量不同）。

> **【提示】** 需冷量是进行大樱桃棚室栽培的关键技术依据，一般达到需冷量后才可进行棚室覆盖栽培。

三 生长发育对环境条件的要求

1. 温度

大樱桃是喜温不耐严寒的树种，露地栽培适于年平均温度在 10～12℃ 以上的地区。一年中要求日平均气温为 10℃ 以上的时间在 150 天以上。

在年生长周期，不同物候期对温度的要求有所不同。萌芽期的适宜温度为 10℃ 左右，开花期的适宜温度为 15℃ 左右。由于大樱桃营养生长期较短，果实成熟期早，果实生长发育和新梢生长都集中在营养生长的前期，所以这一时期需要有较高的气温，以满足大樱桃生长的要求。一般果实发育期的适宜温度要求在 20℃ 左右。

高温对大樱桃生长不利，但又因水分状况而表现不同。高温高湿情况下，大樱桃生长过旺或徒长，造成树冠郁闭，花芽分化不良，果实品质下降，且树体易感染真菌病害。夏季的高温干燥会使枝条生长量减少，树势衰弱，落果严重，果个变小，肉薄味酸。

大樱桃由萌芽、开花到幼果生长的不同时期对低温的耐力不同，其致害的温度在花蕾期为 -5.5～-1.7℃，开花期和幼果期为 -2.8～-1.1℃。温度变化的不同其危害程度也有差别，温度急剧下降时，花芽的受冻可达 96%～98%，缓慢下降时仅为 3%～5%。

大樱桃对低温的适应性除上述因素外，与树体本身储存的养分含量有关。因此，加强树体的营养水平，是防治冻害的重要措施之一。

2. 光照

大樱桃是喜光果树，在良好的光照条件下，树势健壮，果枝寿命长，花芽充实，花粉发芽力强，坐果率高，果实成熟早，着色好，糖度高，酸味少。光照条件差，树体易徒长，树冠内枝条虚弱，果枝寿命短，结果部位外移，花芽发育不良，花粉发芽率低，坐果少，

9

果实成熟晚，产量低，品质差。因此，棚室栽培大樱桃，要选择适宜的棚室结构，采用适宜的树形，培养良好的树体结构，并配合一定的增光、补光措施，改善棚室内的光照环境。

3. 水分

大樱桃对水分状况敏感，既不抗旱，也不耐涝，但对水分的要求因生育期不同而异。

生长季随着果实的生长、叶面积的迅速扩大，大樱桃对水分的需要量也逐渐增加。此期缺水会出现树体萎蔫，直至死亡。果实成熟期水分过多，往往造成裂果，品质下降，不耐储运，影响经济效益。大樱桃根系需氧量很高，土壤水分过多会发生缺氧，易引起烂根、流胶，甚至整株死亡。因此，在土壤管理和水分管理上，要注意保持土壤疏松通透。

4. 土壤

大樱桃适宜土层深厚、土质疏松、透气性好、保水力较强的沙壤土或砾质壤土上栽培。在土质黏重的土壤中栽培时，根系分布浅，不抗旱，不耐涝也不抗风。大樱桃树对盐渍化的水平敏感，适宜的土壤 pH 为 5.6～7.5，即微酸性和中性土壤，盐碱地不宜栽培大樱桃。

大樱桃易患根瘤病，土壤中有根瘤病菌及线虫，则容易传染根瘤病。5 年内栽培过中国樱桃、桃、李、杏的老果园，土壤中根瘤病菌多，不宜栽植大樱桃树，更不宜作为大樱桃的苗圃地。

5. 养分

大樱桃属于喜肥树种，施肥量与时期应以树龄、树势、土壤肥力和品种的需肥特性为依据。

3 年生以下的幼树树体处于扩冠期，营养生长旺盛，此期对氮、磷需求较多，应以氮肥为主，辅以适量磷、钾肥，促进树冠及早形成，为结果打下坚实的基础。但在实际生产中，大樱桃幼树易产生抽条现象，造成抽条的原因主要是幼树贪长、枝条不充实等。因此在易发生抽条的地区，生长中后期要适当控制氮肥，多施磷、钾肥。

4～6 年生为初果期，此期除了树冠继续扩大、枝叶继续增加外，关键是完成了由营养生长到生殖生长的转化。此期促进花芽分化是施肥的重要任务，因此，应以施有机肥和复合肥为主，做到控氮、增磷、补钾，主要抓好秋前施基肥和花前追肥两个时期。

7年生以后大樱桃树进入盛果期，由于大量开花结果，生长势减弱，除供应树体生长所需营养外，更重要的是为果实生长提供充足营养，此期除秋施基肥、花前追肥外，要注意采果后追肥和增施氮肥，防止树体结果过多早衰。

在年生长周期过程中，由于大樱桃树果实生长期短，具有需肥迅速和集中的特点。从展叶、开花、果实发育到成熟，都集中在4~6月，同时花芽分化也集中在采收后较短的时期内。因此，应重视秋季施肥及春季追肥两个关键时期。

第三节　棚室大樱桃适栽品种的选择

棚室促早熟栽培的目的是生产更早熟、优质的大樱桃，因此，可在以早熟品种为主的前提下，适当选择优良的中熟品种，以延长上市时间。晚熟品种不宜进行棚室栽培，一是其需冷量大，蓄冷时间长；二是成熟晚，时间与露地早熟大樱桃相差无几，效益不明显。

一　主栽品种

经生产实践证明，目前适宜棚室促早熟栽培的品种主要有红灯、美早、早红宝石、早红珠、早露、意大利早红、斯坦勒、岱红、芝罘红、佳红、拉宾斯、雷尼、抉择、先锋、大紫等。

1. 红灯

红灯（彩图1）是由大连市农业科学研究所培育的早熟大果型优良品种，是棚室促早熟栽培的主栽品种之一。

该品种树势强健，幼树期多直立生长，盛果期后逐渐半开张生长。一般定植后4年开始结果，6年后进入盛果初期。果实发育期为40~45天。

果实肾形，整齐，平均单果重9.6g，最大单果重可达15g，是目前国内外早熟大樱桃中果个最大者。果柄短粗，果皮紫红色，有鲜艳光泽，装箱上市甚为美观。果肉较软，肥厚多汁，风味酸甜适口。品质优良，耐储运。

第一章　概述

2. 美早

美早（彩图2）是由大连市农业科学研究所从美国引进的早熟大果型优良品种，是棚室促早熟栽培的主栽品种之一。

该品种树势强健，树姿半开张，幼树萌芽力与成枝力均强，生长旺盛，枝条粗壮。定植后4年开始结果，果实发育期为50天左右。

果实宽心脏形，顶部稍平，果个大小整齐，平均单果重9.4g，最大单果重14.4g，果皮全面紫红色，有光泽，鲜艳；肉质脆，肥厚多汁，风味酸甜可口。抗裂果，耐储运。

3. 早红宝石

早红宝石（彩图3）是由中国农业科学院郑州果树研究所育成的早熟品种，是棚室促早熟栽培的主栽品种之一。

该品种幼树旺盛，萌芽力、成枝力均高。进入结果期后长势中庸，干性较弱，枝条易开张，新梢生长量中等。早果性强，坐果率高，丰产性好。嫁接苗定植第二年结果，果实发育期为28～30天。

果实近圆形，平均单果重5～6g，大果单果重14.2g，易与果枝分离。果皮紫红色，有玫瑰红色果点，果肉紫红色，肉质细嫩多汁，果汁红色，酸甜适口。不裂果，较耐储运。

4. 早红珠

早红珠（彩图4）是由大连市农业科学研究所培育的早熟大果型品种，是棚室促早熟栽培的主栽品种之一。

该品种树势强健，生长旺盛，树姿半开张，萌芽力和成枝力较强，丰产性好。果实发育期为42天左右。

果实宽心脏形，平均单果重9g，果面全面紫红色，有光泽，果肉紫红色，质较软，肥厚多汁，酸甜味浓。较耐储运。

5. 早露

早露是由大连市农业科学研究所培育的极早熟大果型品种，是棚室促早熟栽培的主栽品种之一。

该品种树势强健，生长旺盛，树姿半开张，丰产性好，果实发育期为38天左右。

果实宽心脏形，全面紫红色，有光泽。平均单果重8.65g，最大单果重9.6g。肉质较软，肥厚多汁，风味酸甜可口。较耐储运。

6. 意大利早红

意大利早红是由中国科学院北京植物研究所从意大利引进的综合性状优良的早熟大樱桃品种，是棚室促早熟栽培的主栽品种之一。

该品种树势强健，幼树生长快，枝条粗壮，节间短，花芽大而饱满。一般定植3年结果，5年可进入丰产期。果实发育期为30~33天。

果实肾形，单果重8~10g，最大12g。果皮浓红色，完全成熟时为紫红色，有光泽。果肉红色，细嫩、肥厚多汁，风味酸甜，硬度适中，离核，品质上。

7. 斯坦勒

斯坦勒是由加拿大引进的大樱桃自花结实中熟品种，是棚室促早熟栽培的主栽品种之一。

该品种树势健壮，枝条节间短，树冠紧凑，能自花授粉，花粉量多，是优良的授粉品种之一。果实发育期为55天左右。

果实心脏形，平均单果重7.1g，最大单果重9.2g，果皮紫红色，厚而韧，果面具光泽，艳丽夺目；果肉浅红色，肉质硬实细密，较耐储运。

8. 岱红

岱红由山东农业大学选育，是极少见的早产、早丰、大早熟品种果形，是棚室促早熟栽培的主栽品种之一。

该品种树势强健，枝条粗壮，花芽多，成花率高，早产早丰。果实发育期为38~40天。

果实为圆心脏形，果型端正，整齐美观，畸形果很少。平均单果重10.85g，最大可达14.2g。果皮鲜红至紫红色，富光泽，色泽艳丽，果肉粉红色，近核处紫红色，果肉半硬，味甜适口。抗裂果。

9. 芝罘红

芝罘红原名烟台红樱桃，由山东省科委选育，是棚室促早熟栽培的主栽品种之一。

该品种树势强健，生长旺盛，树体高，树冠较大，半开张，枝条粗壮直立。进入盛果期后，以花束状果枝和短果枝结果为主。各类果枝结果能力均强，丰产性强。果实发育期为40~45天。

果实大型，平均单果重8.1g，大者9.5g。果形宽心脏形，顶部平，缝合线明显，整齐均匀，采前落果较轻。果皮鲜红色，具有光泽。果肉浅红色，质地较硬，汁多，酸甜适口，风味品质上等。

10. 佳红

佳红由大连市农业科学研究所选育，是棚室促早熟栽培的主栽品种之一。

该品种树势强健，生长旺盛，枝条粗壮，萌芽力强，坐果率高。一般定植后3年结果。果实发育期为50天。

果实个大，平均单果重9.67g，最大果重11.7g。果形宽心脏形，整齐，果顶圆平。果皮浅黄，向阳面呈鲜红色和较明晰斑点，外观美丽，有光泽。果肉浅黄色，质较脆，肥厚多汁，风味酸甜适口，品质上等。

11. 拉宾斯

拉宾斯是由加拿大引进的自花结实、高产、抗裂果中熟品种，是棚室促早熟栽培的主栽品种之一。

该品种树势健壮，幼树枝条直立，树姿开张，短枝型，连续结果能力强，极丰产。果实发育期为50天左右。

果实近圆形或卵圆形，果柄短粗，平均单果重8g。果皮紫红色，厚而韧，果肉红色，肥厚多汁，在果实未完全成熟时酸度较高，完全成熟后，酸度下降，味道甜美可口。抗裂果，耐储运。

12. 雷尼

雷尼（彩图5）由美国引进，是棚室促早熟栽培的副主栽品种或授粉品种。

该品种树势强健，枝条粗壮，节间短；叶片大，叶色深绿；树冠紧凑，枝条直立；分枝力较弱，以短果枝及花束状果枝结果为主。早期丰产，栽后3年结果，5～6年进入盛果期。果实发育期为50天左右。

果实宽心脏形，平均单果重8.0g，最大果重达12.0g；果皮底色为黄色，富鲜红色红晕，在光照好的部位可全面红色，十分艳丽、美观；果肉白色，质地较硬，风味好，品质佳。

13. 抉择

抉择（彩图6）是由乌克兰引进的早熟品种，是棚室促早熟栽培的副主栽品种或授粉品种。

该品种树势强健，生长较旺盛，枝条易横生，树姿开张，幼树结果期早，丰产、稳产。果实发育期为42天左右。

果实圆心脏形，平均单果重9g，果柄长，果皮、果肉紫红色，较硬多汁，酸甜适口，抗裂果性差。

14. 先锋

先锋（彩图7）由中国农业科学院郑州果树研究所从美国引进，是温室和大棚促早熟栽培的副主栽品种或授粉品种。

该品种树势强健，年年结果，抗寒性强，抗裂果，结果早，丰产性好。果实发育期为50天左右。

果实宽心脏形，平均单果重8.5g，最大单果重11.5g，果皮厚而有韧性，紫红色，果色光亮艳丽，果肉玫瑰红色，肉质肥厚，硬脆多汁，酸甜可口。

15. 大紫

大紫（彩图8）别名大红袍，系由俄罗斯引进的早熟品种，是棚室促早熟栽培的副主栽品种或授粉品种。

该品种树势中庸，树姿半开张，丰产性好。果实发育期为40天左右。

果实心脏形至宽心脏形，平均单果重6g，最大单果重9g；果皮紫红色、较薄，果肉浅红色至红色，软而多汁，味甜，品质中上等；核大，离核；果肉浅红色，质软多汁，味甜微酸。果柄易与果实脱离，成熟时易落果。

> **【提示】**
> ① 在选择品种时，一般栽培面积较小的只需1～2个主栽品种，栽培面积较大的可选2～4个主栽品种。
> ② 棚室栽培不要选择易裂果品种。

二 授粉品种

目前生产上栽培的大樱桃品种除拉宾斯、斯坦勒等少数几个品种可以自花结实以外，大多数都需要配置授粉品种。实践证明有自花结实能力的品种，配置授粉品种也可以提高结实率和果实品质。

1. 授粉品种选择

大樱桃的授粉品种具有一定的选择性，因此，在配置授粉树时，要考虑授粉品种与主栽品种之间的授粉亲和力要高，花期一致，经济寿命相近，丰产性好，果实品质优。由于棚室樱桃果品价格较高，生产上一般不配置纯粹的授粉树，多是几个品种混栽互为授粉树。

根据有关资料和多年的实践经验，现将几个主栽品种的适宜授粉品种列入表1-1，供棚室大樱桃生产应用时参考。

表1-1　棚室大樱桃主栽品种与适宜的授粉品种

主 栽 品 种	适宜的授粉品种
红灯	拉宾斯、美早、早红宝石、斯坦勒、早红珠、抉择、大紫、芝罘红等
美早	红灯、拉宾斯、先锋等
早红宝石	红灯、抉择、先锋、拉宾斯、斯坦勒等
早红珠	红灯、早露等
早露	早红珠等
意大利早红	红灯、芝罘红、拉宾斯、先锋
斯坦勒	红灯、早红宝石、抉择、先锋、拉宾斯、芝罘红等
岱红	拉宾斯、先锋等
芝罘红	红灯、斯坦勒等
佳红	拉宾斯、先锋、抉择等
拉宾斯	红灯、美早、早红宝石、大紫、先锋、斯坦勒、抉择、岱红、佳红等
雷尼	先锋、拉宾斯等
抉择	早红宝石、红灯、先锋、拉宾斯、斯坦勒、佳红等
先锋	拉宾斯、美早、早红宝石、斯坦勒、抉择、岱红、佳红等
大紫	红灯、拉宾斯等

2. 授粉树的配置数量

在一个棚室中，授粉树比例以30%～50%较为合适。目前生产中常采取的方法是2或3个品种等量栽植，这样授粉受精效果比较好。

第二章
棚室大樱桃生产设施

一般情况下，大樱桃嫁接苗一般3~4年见果，5~6年进入丰产期。由于大樱桃结果晚，直接在大棚和温室内定植苗木，大大增加前期成本。因此，大棚和温室大樱桃栽培主要采取结果树覆盖和成龄树移栽两种方式。

结果树覆盖是先在露地按大棚和温室内株行距定植幼树或培育预备苗，按大棚和温室结构及空间大小进行整形控制，生长几年具备丰产基础后再建造大棚和温室。此模式在冬季寒冷地区以选择日光温室为主，在冬春较温暖地区选择塑料大棚和日光温室均可。

成龄树移栽是向已建成的大棚和温室内移植已大量分化花芽的4~5年生的成龄树。利用现有大樱桃成龄树进行大棚和温室生产，多采用塑料大棚，如山东烟台、青岛、秦皇岛等地利用塑料大棚和连栋大棚进行促早熟栽培。

第一节　棚室的类型及结构特点

一　塑料大棚的类型及结构特点

我国地域广阔，气候环境复杂，各地的塑料大棚类型各式各样。塑料大棚按覆盖形式可分为单栋大棚和连栋大棚两种，按棚顶形式可分为拱圆形塑料大棚和屋脊形塑料大棚两种。拱圆形塑料大棚对建造材料要求较低，具有较强的抗风和承载能力，是目前生产中应用最广泛的类型。

棚室大樱桃栽培常用的拱圆形塑料大棚有以下几种形式。

1. 简易竹木结构塑料大棚

竹木结构的塑料大棚（图2-1）是我国最早出现的塑料大棚，其具体形式各地区不尽相同，但其主要参数和棚形基本相似。用于栽植大樱桃的大棚的一般跨度为15～20m，脊高为4.5～5.5m。

图2-1　竹木结构塑料大棚

建造时按棚宽（跨度）方向每2m设一立柱，立柱粗6～10cm，顶端呈拱形，地下埋深50cm，垫砖或绑横木，将竹木固定在立柱顶端呈拱形，两端加横木埋入地下并固定。拱架间距1m，并用纵拉杆连接，形成整体，拱架上覆盖塑料薄膜，拉紧后膜的端头埋在棚四周的土内，拱架间用压膜线或8号铁丝等压紧薄膜即可。

这种结构的优点是取材方便，各地可根据实际情况，选择竹竿或木杆均可，造价较低，建造比较容易。缺点是由于整个结构承重较大，棚内起支撑作用的立柱较多，使整个大棚内遮光率增高，光照条件较差，棚内空间不大，作业不方便；材料使用寿命短，抗风雪荷载性能差。

2. 焊接钢结构塑料大棚

焊接钢结构塑料大棚（图2-2）是利用钢结构代替木结构，拱架用12～16mm钢筋焊接而成。一般跨度为17～21m，脊高为5～7m，拱间距0.8～1m。纵向各拱架间用拉杆或斜交式拉杆连接固定形成整体。拱架上覆盖塑料薄膜，拉紧后用压膜线或8号铁丝压膜，两端固定在地锚上。

这种结构的塑料大棚比起竹木结构的塑料大棚，承重力有所增加，骨架坚固，棚内空间大，透光性好，作业方便。但这种骨架在

图 2-2　焊接钢结构塑料大棚

塑料大棚高温、高湿的环境下容易腐蚀，需要涂刷油漆防锈，每 1 ~ 2 年需涂刷 1 次。另外，有些钢结构需要在现场焊接，对建造技术要求较高。

3. 镀锌（塑）钢管装配式塑料大棚

镀锌（塑）钢管装配式塑料大棚（图 2-3）是近几年发展较快的塑料大棚结构形式。大樱桃大棚栽培宜选用提高型镀锌（塑）钢管装配式大棚，采用直径 28 ~ 32mm，厚 1.5mm 的镀锌（塑）管，脊高 6 ~ 7m，拱架间距 0.5 ~ 1m，纵向用纵拉杆（管）连接固定成整体。可用卷帘机卷苫、保温幕保温、遮阳幕遮阳和降温。

图 2-3　镀锌钢管装配式塑料大棚

这种材料的塑料大棚为组装式结构，所有结构都是现场安装，施工方便，并可拆卸迁移；棚内空间大、遮光少、作业方便，有利于植物生长，棚结构也不易腐蚀；冬季密封性能好，抗风雪能力强。

其拱杆、纵向拉杆、端头立柱均为薄壁钢管，并用专用卡具连接形成整体，所有杆件和卡具均采用热镀锌（塑）防锈处理，使用寿命可达 15 年以上。这种大棚有工厂化生产的工业产品，已形成标准、规范的多种系列类型。

4. 水泥预制件塑料大棚

水泥预制件塑料大棚（图 2-4）的宽度为 15～20m，脊高为 4.5～5.5m，拱间距为 1m。水泥大棚的拱架为钢筋水泥预制件，2 根底筋的直径为 8mm，顶筋直径为 6mm，也可用 4 根 6mm 的钢筋。箍筋为 4mm 冷拔丝。混凝土可选用 500 号水泥，每立方米混凝土用水泥 360kg，水 172kg，粗砂 545kg，石子 1400kg。预制时，拌料要填实填匀，边浇边搅拌。去膜 6h 后开始喷水，每天多次，养护 7 天后再露天堆放 1 个月，方可用于安装。

图 2-4　水泥预制件塑料大棚

水泥预制件大棚的棚体坚固耐久，应用年限长，抗风雪能力强，棚面光滑，便于覆盖草苫，内部空间大，操作管理方便。其缺点是棚体太重，不易搬迁，拱架体积太大，遮光量大，造价亦稍高。

5. 连栋大棚

由 2 栋或 2 栋以上单栋大棚连接而成（图 2-5）。目前随着规模化、产业化经营的发展，

图 2-5　连栋大棚

有些地区将原有的单栋大棚向连栋大棚发展。

连栋塑料大棚质量轻、结构构件遮光率小，保温性能好，土地利用率高。缺点是通风能力变差，棚内容易出现高温、高湿现象，栋与栋连接处易漏水等。在大棚和温室栽培中利用已有露地成龄树进行棚室生产时，由于成片、面积大，一般多采用连栋大棚。

二　日光温室的类型及结构特点

日光温室是我国北方冬季应用的主要设施，三面围墙，其热量主要依靠太阳能。目前，用于大樱桃设施生产的主要是半拱圆形日光温室，规格有单跨和背连式两种屋面类型，后墙和后屋面的结构主要为短后坡高后墙。

1. 单跨半拱圆形日光温室

单跨半拱圆形日光温室（图2-6）为短后坡高后墙半拱圆形结构。

目前，大樱桃栽培常用日光温室的跨度为 8 ~ 12m，脊高为 3.5 ~ 5.5m，后坡长 1 ~ 1.5m，后墙高 3.8 ~ 4.5m。各地可依据选择的大樱桃品种，对当地常用的半拱圆形温室结构进行调整。一般高纬度、寒冷地区温室的高度和跨度可适当缩小，

图2-6　单跨半拱圆形日光温室

墙体要相应加厚或采用保温性好的异质复合墙体；低纬度、冬季较温暖地区，温室的高度和跨度可适当加大。

2. 背连式日光温室

背连式日光温室是在单栋拱圆式温室的背面，利用其后墙连体建造一个无后屋面的半拱圆式温室（图2-7）。这种温室前棚高、后棚矮，前后棚共用一个墙体，后棚跨度为前

图2-7　背连式日光温室

棚（南面棚）的3/4或4/5，覆盖的时间为前后棚相同，但揭苫时间是前棚早、后棚晚。后棚果实成熟期虽比前棚晚1个多月，但比露地栽培早1个月左右。

此结构温室，前后棚共用一个墙体，既节省建筑用料，又充分利用了温室后面的空闲地，后棚又为前棚保温，加之后棚揭苫升温晚，外界温度较高，可以利用前棚上一年用过的旧膜和旧苫，也降低了生产成本，近年来已在生产中逐步扩大应用，很值得推广。

第二节　建造栽培棚室应注意的问题

1. 塑料大棚或日光温室栽培大樱桃的结构要求

塑料大棚或日光温室栽培大樱桃要求安全、经济、有效、可靠，其结构要合理，骨架薄膜要牢固可靠。棚内温度、光照条件优良，通风降湿方便。

为做到这些，首先要求较高棚体，一般大型棚高度为 6 ~ 7m。其次，大棚高度与宽度比例要合理。雨水少的地区，大棚可宽些，顶部可平些，高、宽比例为1:（4 ~ 5）。在雨水较多的地区，顶部要加大坡度，以利排水。另外，大棚断面要呈弧形，不宜有棱角，否则塑料薄膜易损坏，易积水。

2. 墙

墙是日光温室栽培的主要结构，在总体造价中常占较大的比重（砖墙）或需要较多的建筑用工（土墙）。生产中日光温室墙体主要为土墙、砖墙等。

（1）土墙　主要有草泥土墙和板打（夯土）墙。修建时要注意上下宽度差，确保墙体稳定。秋季打墙应及早进行，在结冻前基本风干。墙体厚度应为当地冻土层的1.5 ~ 3倍。

土墙保温性能好，有较大的强度，有一定的耐久性，可以就地取材，成本低，但缺点是耐水性差，有时容易出现裂缝，若遇较大降雨，后坡流下来的雨水侵入墙体会造成局部坍塌。

（2）砖墙　分为实心砖墙、矿渣砖和空心砖墙等。砖墙承重没有问题，但保温不好。为此各地都较多地采用内 12cm、中空 12cm、外墙24cm 的空心墙，不仅节省了材料，保温效果也好于实心墙。但是由于墙体不严，往往影响空心墙的保温效果。因此，应向空心内填入一些导热系数小的物质，如炉渣、锯末和珍珠岩等，以提高保温效果。试验证明，在空心墙中填充珍珠岩的隔热效果最好。

3. 进出门及工作间

塑料大棚或日光温室面积较大时，常在棚室一端建立一个进出门，如果长度达到100m时，进出门可设在中间。为了防止进出棚室时带进外界冷风，在塑料大棚或日光温室入门处应建一个面积4~5m²的工作间，工作间的门应与棚室的入门错开位置。同时，为提高保温效果，可在塑料大棚或日光温室入门内侧挂一层塑料薄膜和草苫，能起到较好的缓冲作用。

4. 通风口

通风换气是棚室生产中重要而又经常的一项工作。塑料大棚或日光温室通风主要是依靠在棚室屋面上开通风口进行自然通风，通风口通常分上下两排，上排通风口原则上应设在棚面最高处，也就是屋脊部，上排通风口主要是起出气作用，因为热空气重力较小，多聚集在棚室的顶部，打开上排通风口，这部分热空气就很容易排到室外。下排通风口以设在离地面1m高处为宜，因为下排通风口主要是起进气口的作用，设置太高，会降低通风效果，设置太低，容易使近地面处的低温空气进入棚室内。

用于大樱桃促早熟棚室栽培通风口面积不应超过棚面积的10%。通风口的开设方法，目前生产上多用扒缝放风法，即上排通风口是将屋脊处的薄膜扒开，不通风时拉紧；下排进风口是在覆盖薄膜时先将薄膜分成上下两大片，膜的边缘各粘成一条筒，内穿一根细绳，在扣膜时将绳拉紧，上边的一块膜压在下边一块膜上，互相重叠约20~30cm，再加上压膜线，两片薄膜之间平时没有缝隙，并不影响保温，待需要放风时，从两块薄膜搭缝处用手扒开，就变成通风孔道。这种扒缝放风的方式，薄膜不易受损，风量可大可小，操作方便，是一种较为实用的通风方法。

5. 防寒沟

寒冷地区在日光温室前挖1条深40~60cm，宽30~40cm的防寒沟，沟内填干草、碎秸秆或保温材料，也可铺衬薄膜后再填保温材

料，填土踏实，高出地面 5～10cm，并向外倾斜，以防雨水流入沟内。

6. 采光覆盖材料

采光覆盖材料宜采用 0.1～0.12mm 厚、透光、无滴、防尘、保温性能良好，且具有抗拉力强、长寿的多功能复合膜。比较好的有聚乙烯长寿无滴膜、三层复合膜、聚乙烯无滴转光膜、乙烯-醋酸-乙烯三层无滴保温防老化膜、聚氯乙烯无滴膜等，这类薄膜的最主要优点是可降低空气湿度，减少病害发生，有利于花期授粉。

(1) 数量 为便于大棚放风降湿，棚膜最好为 6 幅，棚顶 2 幅，两侧各 2 幅。顶膜与侧膜交接处不要粘牢，两膜相互交接 30cm 左右，作为风道。侧膜底边只用松土压紧，以便于掀起放风降湿。

(2) 薄膜的黏合 无滴膜的幅宽一般为 3m，需要将多幅膜黏合在一起。黏合薄膜时先准备一块宽 10cm 左右、表面平滑的长木板或长板凳。上铺一层窗纱，将准备黏合的两块薄膜的膜边，用干布擦净水珠或灰尘，然后重叠在一起，叠合宽度 5cm 左右，将其铺在木板上，上面再铺一层牛皮纸，一人在前面拉紧拉平，将经过预热、温度为 150～200℃的电熨斗放在纸上，稍用力下压，并慢慢向前移动，使纸下的薄膜均匀受热，黏合在一起，待冷却后即可使用。个别黏合不好的地方，可反复 2～3 次。薄膜的三边用电熨斗各黏成宽 5cm 左右的缝筒，以便穿绳（竹竿）拉紧。

薄膜上的破洞或裂缝可用黏合剂黏补。聚乙烯膜用 XY-404 黏合剂，聚氯乙烯膜用环乙酮。也可用黏合胶带直接贴于薄膜的破损处。

7. 保温材料

保温材料多用纸被、草苫、棉被等。

(1) 纸被 纸被是棚室夜间覆盖保温的不透明覆盖物，纸被由 4 层牛皮纸缝合而成。因为它本身隔热性好，加上中间又有多层空气间隔，因此隔热效果良好。纸被在一般夜间的保温效果为 6～8℃，比一层草苫保温效果略低，如果把纸被改为 6 层牛皮纸，它的保温效果可以和草苫相当。

纸被虽然体轻而保温，但在一些冬季温暖多雨雪地区因纸被易被雨水淋坏，使用就不方便，所以有些地方在纸被外面再罩上一层薄膜，也有的在纸被外面涂上一层油漆，以延长使用寿命，也有的不用纸被，改用双层草苫。

（2）草苫　草苫可以用蒲草、稻草和谷草等编成。一般宽1.2～2cm，厚3～5cm，长度按需要而定（草苫打得紧密，才有良好保温效果，如一块宽1.5m、长5.5m的稻草苫，至少应重30kg，太轻则保温性能减弱）。在多雨雪地区，使用草苫也很不方便，而且草苫变潮保温效果下降，因此这些地区都预备一层塑料薄膜，下雨雪时将薄膜盖在草苫上边，既不湿草苫，又增加了保温效果。

（3）棉被　做棉被的材料大多是用棉纺厂的落地棉和包装布，造价虽高，但保温效果好，使用寿命也较长（有的地方已用10年以上），因此可以使用，但在冬季雨雪大的地区不要使用。

8. 压膜线

压膜线的作用是压紧薄膜，防止薄膜因刮风而破损，压膜线可用铁丝或专用塑料压膜线。以铁丝作压膜线，易生锈，容易使薄膜破损。

9. 卷帘机

目前生产上普遍应用电动卷帘机，有卷杠式和单臂式两种。

卷杠式卷帘机即在塑料大棚或温室的屋面上每3m设一角钢支架或钢管支架，在支架顶部安装轴承，穿入直径50～60mm的一道钢管作卷管，在棚中央设一方形支架，支架上安装一台2kg左右的电动机和一台减速器，配置电闸和开关，卷放草苫时扳动倒顺开关即可卷放。卷放时间为8～10min，为加快放苫速度，还可安装闸把盘。单臂式卷帘机不需要在后屋面上安装卷杠，卷杆安装在温室前地面正中央。

单臂式卷帘机（图2-8），包括卷帘用的驱动杠，驱动杠通过减速器与传动轴一端连接，传动轴另一端与驱动装置连接，整个驱动装置坐落在一个带行走轮的传动箱内，具有结构简单、使用可靠、使用寿命长的特点。

图 2-8　单臂式卷帘机

　【提示】 根据辽宁、河北等地经验，安装卷帘机不仅可以有效预防风灾，而且安装卷帘机的棚室便于清理积雪，可有效防止雪灾的发生。

10. 输电线路及补光灯

建造大棚和日光温室时必须安全配置输电线路，以方便卷放草苫和灌溉、照明等用电。补光灯可用白炽灯、节能灯等。

11. 加温设施

在自然条件下，如果棚体保温措施得力是能够满足大樱桃生长的棚温要求的。只有在遇有特殊天气时，才进行人工辅助增温，以防止冻害的发生。

在常用棚室的加温设施中，全自动电能热风机使用寿命长，热效率高达99%，是当前加温设备行列中的最环保、最节能的加温设施，购置时可向厂家咨询；选择用红外线灯泡加温时，一般每亩（1 亩 ＝667m²）温室设置 12 ~ 15 盏 225W 的浴霸灯；选择电暖器加温时应选用既可转向又可吹散热气的电暖器，并注意电暖器与树体保持2m 以上的距离，电暖器散热面要向上倾斜 15°~20°，不要直接吹着树体；选择煤炉加温时，燃煤要选用优质无烟煤或木炭，通到棚室外的烟道要严密；棚室内点燃沼气加温不但能够提高棚室内的温度，而且还可以增加棚室内空气中的二氧化碳浓度，一般每100m²

设置一个沼气灶或 50m² 设置一个沼气灯，有条件者可以利用。

12. 灌溉设施

扣膜期间灌溉用水，必须是深井水，以保持有 8℃ 以上的水温。利用塘水或河水的，要设地下管道。引入棚室内的储水罐，管道需埋在冻土层下。

目前，常用的灌水方法有地面灌溉、地下灌溉、喷灌、滴灌等。

（1）地面灌溉 地面灌溉可分为树盘灌水、沟灌、穴灌等。地面灌溉简单易行，投资少，因而仍然是目前应用最广泛、最主要的一种灌水方法；其缺点是灌溉用水量大。

（2）地下灌溉 地下灌溉是利用埋设在地下的透水管道，将灌溉水直接送入大樱桃树根的分布层，借毛细管作用自下而上湿润土壤供大樱桃树吸收利用的一种灌水方法。这种灌水方法的优点是灌水质量好，蒸发损失小，节约用水；占耕地少，便于田间耕作管理；可以利用灌溉系统施肥。其缺点是地表湿润差，地下管道造价高，容易淤塞，检修困难。

地下灌溉系统可分为输水和渗水两个主要部分。输水部分的作用在于连接水源，并将灌溉水输送至果园的渗水管道。输水部分可以是明渠，也可以做成暗管。渗水部分是由埋设在田间的管道组成，灌溉水通过这些管道渗入土壤。

地下灌溉的技术要素主要包括透水管道的埋设深度、管道间距、管道长度和坡度等。

1）管道埋设深度。首先，埋设深度应使灌溉水借毛细管作用能充分湿润根系活动层的土壤，特别是表层土壤能达到足够的湿润，而深层渗漏又最小。一般管道埋深应该深于一般深耕所要求的深度；同时还应考虑管道本身的抗压强度，不致因行走而损坏。一般应使管道的上缘紧靠大樱桃树主要根系所分布的土层。目前我国各地采用的管道埋深为 40～60cm。

2）管道间距。主要决定于土壤性质和管道中水压力的大小。土壤颗粒越细，则土壤的吸水能力越强，灌溉水的湿润范围也越大，管道的间距就可增大。在决定管道间距时，应使相邻两条透水管的浸润曲线重合一部分，以保证土壤湿润均匀。一般管道中的水压力

越大、浸润曲线的范围越宽，管距可以较大，可达 5~8m，而无压透水管的管距，一般为 2~3m。

3）管道长度。取决于管道的坡度、供水情况（有压或无压）、流量大小及管道渗水情况等因素。适宜的管道长度应使管道首尾两端土壤能湿润均匀，而渗漏损失较小。我国采用的管道长度一般为20~50m。生产经验是无压管的长度，不大于100m，而有压的管长可达 200~400m。

4）管道坡度。应根据管道长度和地面坡度而定，一般以流淌顺畅为标准。

（3）喷灌 喷灌是将具有一定压力的水通过管道输送到果园，再由喷头将水喷射到空中，形成细小的水滴，均匀地喷洒在果园内。喷灌具有增产、省水省工、保土保肥、适应性强、调节果园小气候、便于实现水利机械化、自动化等优点，其缺点是基建投资大，受风的影响较大。

喷灌系统的组成和分类：喷灌系统一般由水源、动力、水泵、管道系统及其配件、竖管、喷头等组成。有移动式、半固定式和固定式三种。喷灌系统的设置应按有关技术参数和要求配置。

（4）滴灌 又叫滴水灌溉，是利用管道将加压的水或化肥溶液通过滴头一滴一滴地、均匀而又缓慢地滴入大樱桃树根部土壤的先进灌溉方式。滴灌的优点是省水，自动化程度高，缺点是投资较大。滴灌系统是由滴头、毛管、支管、干管、储水罐等组成。管道网可视园地情况埋入地下或铺设于地上。

13. 温湿度监控设备

观测温湿度的常用设备有吊挂式水银或酒精温湿度计（图2-9），有条件的还可安装温度自动控制设备。

14. 诱杀虫设施

利用现代农业科学技术，可大大减少用药次数，减少果品的农药残留。

图2-9 温湿度计

（1）黄板　黄板可在果园间使用，主要用于防治蚜虫（有翅蚜）、潜蝇成虫、粉虱、茶叶小绿叶蝉、蓟马等小型昆虫。一般每亩插挂 20～25 块黄板。

（2）诱虫灯　诱虫灯是棚室大樱桃树栽培的必备器械。根据电源可分为交流电杀虫灯、蓄电池杀虫灯、太阳能杀虫灯等。根据杀虫方式可分为电击式、水溺式、毒杀式等。一般一个大棚或温室最好配置 2 个诱虫灯。

第三章
大樱桃的苗木繁育

优质的大樱桃苗木是生产的基础，苗木质量的好坏不仅直接影响到树体生长的快慢、结果的早晚和产量的高低，而且对树体的适应性和抗逆性也有很大影响。因此，生产中要注重繁育优质、健壮的苗木。

第一节 砧木品种的选择

适合作大樱桃的砧木品种主要有中国樱桃、山樱桃、酸樱桃、考特、马哈利、马扎德樱桃、青肤樱和吉塞拉系列等。

1. 中国樱桃

中国樱桃，如黄樱桃、大窝娄叶、大叶青、莱阳矮樱桃均可作为砧木。

中国樱桃根系分布浅，无明显主根，须根发达，不抗涝，耐寒力差，扦插易生根，用健康树作母树，无性繁殖的苗木生长健壮，几乎无病毒症状，且根系发达，抗倒伏。

大窝娄叶须根发达，生根浅，适应性强，耐干旱瘠薄，但不抗涝，耐寒力差。种子出苗率高，扦插易生根，嫁接成活率高，进入结果期早。较抗根瘤病，但实生苗病毒病较重。

大叶青须根较少，粗根较多，长势强，不易倒伏，寿命长，繁殖、嫁接容易，抗干旱瘠薄，适应性强，喜沙质壤土，在黏土地上较易感染根瘤病和流胶病。

莱阳矮樱桃具有明显的矮化特性，根系发达，扦插繁殖容易，但据调查，不同程度的表现有病毒病症状，可适当作为大樱桃的砧木。

2. 山樱桃

山樱桃属大乔木，种子发芽率高，苗期生长快，当年即可嫁接，嫁接成活率高达90%左右。该砧木抗寒性强，高抗根瘤病。嫁接苗生长健壮，3年即可结果。缺点是作大樱桃砧木时，根系分布范围较小。

3. 酸樱桃

酸樱桃即毛把酸，是山东省烟台市繁殖大樱桃的主要砧木。其根系发达，主根粗壮，细长根多。与大樱桃嫁接亲和力较强，嫁接株生长旺盛、丰产、寿命长。缺点是易染根瘤病。

4. 考特

考特是英国杂交育成的第一个大樱桃半矮化砧木。用它嫁接的大樱桃树体小，结构紧凑，花芽分化早，丰产，果实品质好，是优良的大樱桃砧木。考特的分蘖生根能力强，易于通过扦插或组织培养繁殖。其砧苗根系发达，抗风力较强。与大樱桃亲和力强，抗病、抗寒力较强。适于在潮湿土壤中生长，对于干旱反应敏感。

5. 马哈利

马哈利原产于欧洲东部和南部，是欧美各国广泛采用的大樱桃砧木，近年来被我国引入作为大樱桃砧木。马哈利为乔木，根系发达，抗旱，抗寒，在 -30℃气温下不受冻害。马哈利种子萌芽率高，多用种子繁殖。实生苗生长健壮，当年可供芽接。与大樱桃嫁接亲和力好，嫁接苗结果早，丰产。马哈利属乔化砧，但嫁接部位高时有矮化特性。缺点是不耐涝，适宜于轻沙壤土，在黏重土壤中栽培生长不良。

6. 马扎德樱桃

马扎德樱桃是原产于欧洲西部的大樱桃野生种。通常用种子繁殖砧苗，在黏重土上反应良好，生长旺盛，树势强健，与大樱桃亲和力强。用它作砧木嫁接的树体高大、寿命长、产量高，较耐瘠薄和寒冷，抗根腐病。树冠大，但进入盛果期晚。根系浅，易感细菌性根瘤病、树脂病和枝枯病，在我国辽宁大连、北京及河北秦皇岛

有少量应用。

7. 青肤樱

青肤樱又叫青叶樱，为日本大樱桃的主要砧木，引入我国后在辽宁大连等地应用较多。其扦插成活率高，与大樱桃亲和力强，嫁接株生长良好。根系浅，不耐旱，遇大风易倒伏，易患根瘤病，作大樱桃硬肉品种砧木效果好。

8. 吉塞拉系列

该系列是引自德国的新优大樱桃系列矮化砧，其中，综合性状较好的有吉塞拉 5、吉塞拉 6、吉塞拉 7 和吉塞拉 12，而吉塞拉 5 还被列为欧洲最丰产的大樱桃矮化砧木，其矮化效果及产量状况优良。这些砧木的共同特点是矮化、早果、丰产、抗根瘤病和流胶病，并且可在黏重土壤上栽培，树体较开张，果实品质优。吉塞拉系列属矮化砧，特别适合密植和棚室栽植，一般的樱桃树 4~5 年结果，而嫁接在吉塞拉砧木上的 2~3 年就可结果。

第二节　苗圃地的准备

1. 苗圃地的选择

在确定大樱桃苗圃地时，应重点考虑以下因素。

（1）位置　苗圃地要求交通便利，靠近公路，便于运输苗木和生产物资。还要注意苗圃地附近不能有排放大量煤烟、有毒气体及废料的工厂等，避免苗木受到污染和影响。

（2）地势　苗圃地宜选择背风向阳、地势平坦、土壤肥沃、土层深厚、地下水位在 1~1.5m 以下、灌排良好、土质疏松的中性壤土和沙壤土为宜。这类土壤深厚、土质疏松、通气良好、有机质含量较高、土壤微生物分布较多，对种子萌发和幼苗生长都十分有利，并且起苗容易，省时省工，根系损伤较小。

（3）地点　5 年内栽培过中国樱桃、桃、李、杏等核果类树的地方不宜培育大樱桃苗，以免传染根瘤病；一般菜园地也不要利用，因其病菌多，土壤中能传染病菌的线虫也多，而且大樱桃也容易感染土传病害。

（4）灌溉条件　幼苗生长期间根系浅，耐旱力弱，对水分要求突出，如果不能保证水分及时供应，会造成幼苗停止生长，甚至枯死，因此，选择的苗圃地必须要有充足的水源。此外，还应注意水质，大樱桃对水质的要求较其他树种严格，勿用影响苗木生长的污水灌溉。

2. 苗圃地的规划

苗圃地址确定后，即可进行规划。规划内容包括生产区和辅助用地两部分。

（1）生产区规划 可将生产区划分为播种区、移植区两部分。

（2）辅助用地规划

1）道路。田间作业道主要为人行道，要求宽度能通过大型喷雾器为宜，一般道路所占面积不得超过苗圃总面积的5%。

2）排灌系统。包括水源、提水和引水设置。无污染的河、塘、水库、井都可以作为水源。

> ⚠️ 【注意】 在地势较低、地下水位较高及降水较多的地区，要设置排水系统。

3. 苗圃地的整地

整地可以改良土壤的结构和理化性质，提高土壤的透水性和蓄水保墒能力；并可增强土壤的通气性，有利于根系的呼吸；又能促进土壤中微生物的活动，加速土壤有机质的分解，提高土壤肥力。此外，整地还有消灭杂草、拌匀肥料和消灭病虫的作用。因此，土地经过深耕细整，就为苗木生长发育创造了良好条件。

（1）耕地 一般是秋耕要深，春耕要浅；移植苗及培育大苗宜深，播种苗宜浅。具体地讲，秋季可深耕25～30cm，春季浅耕8～10cm，培育大苗的耕地深度应为25～35cm。

（2）施基肥 为保证苗木生长健壮，应结合耕地施基肥，以增加土壤的有机质含量。施肥时应注意以下几点。

1）基肥量要足，并以有机肥为主。每亩施用优质农家肥应不低于2500kg，为增加基肥的有效成分，可同时混入速效氮、磷、钾肥料，如尿素、碳酸氢铵、过磷酸钙、草木灰等。

2）农家肥一定要经过充分腐熟，否则易引起肥害"烧苗"和芽枯病。

3）基肥要与土壤充分混合，以保证肥料的有效利用。

（3）耙地 耙地是在耕地后进行的平整表土工作。在北方干旱无积雪地区，为了蓄水，秋耕后应及时耙地；冬季有积雪的地区，要立茬过冬，早春耙地。

（4）做苗床 为了灌水方便，苗圃地翻耕平整后还应做苗床（做畦），常用的苗床形式有高床和低床两种。

1）高床。高床的床面一般高于人行道 15~20cm，床面宽1~1.5m，人行道宽 40cm，长短可根据地形确定。这种苗床的好处是利于排水和侧面灌溉，可以提高土壤温度，增加土壤通气性，增加土壤厚度，防止发生板结，适用于容易积水和雨量较多的地区。

2）低床。低床的床面比人行道低 15~20cm，其他可同高床。这种床式灌水方便，适用于雨量较少的地区使用。

（5）消毒 在育苗前进行土壤消毒，可消灭病菌，确保苗木安全。常用且效果较好的方法有以下几种。

1）五氯硝基苯消毒。每平方米苗圃地用 75% 五氯硝基苯 4g、代森锌 5g，混合后，再与 12kg 细土拌匀。播种时下垫上盖，对防治由土壤传播的炭疽病、立枯病、猝倒病等有特效。

2）福尔马林消毒。每平方米苗圃地用福尔马林 50mL 加水 10kg均匀地喷洒在地表，然后用塑料薄膜覆盖，闷 10 天左右揭掉塑料薄膜，使气体挥发，两天后即可播种。这种消毒方法对防治立枯病、褐斑病效果良好。

3）多菌灵消毒。多菌灵能防治多种真菌病害，对子囊菌和半知菌引起的病害防治效果好。土壤消毒用 50% 可湿性粉剂，每平方米拌 1.5g，可防治根腐病、茎腐病、叶枯病、灰斑病等，也可按 1:20的比例配制成毒土撒在苗床上，可有效地防治苗期病害。

4）代森铵消毒。代森铵杀菌力强，能渗入植物体内，在植物体内分解后还有一定肥效。用 50% 水溶代森铵 350 倍液，每平方米苗圃土壤喷洒 3kg 稀释液，可防治黑斑病、霜霉病、白粉病、立枯病和根瘤病等多种病害。

◆ **【提示】** 消毒时选择一种消毒方法即可。

34

第三节 砧木苗的培育

生产中山樱桃、马哈利、马扎德、青肤樱、酸樱桃和中国樱桃多采用种子繁殖法来培育砧木苗，中国樱桃还可采用扦插或分株等方法来培育砧木苗；考特多通过扦插或组织培养繁殖；吉塞拉樱桃开花多结果极少，扦插不易生根，生产中多采用组织培养法培育砧木苗。

> **【提示】** 组织培养法要求较高，一般生产者很难做到，故本书不予介绍，有兴趣的朋友可参考相关书籍。

一 种子繁育法

用种子繁育砧木苗成本低，繁殖数量大，根系旺盛粗壮，是生产中应用最多的方法。种子繁育法分为大田育苗法和容器育苗法两种。

1. 大田育苗法

（1）种子的选择 用于繁殖砧木苗的种子必须从生长健壮、丰产、无病虫害的优良母株上采集充分成熟的果实。采收后的果实要立即浸入水中搓洗，并要保证搓净果肉（图3-1），以防储藏期间发霉。

图3-1 中国樱桃种子

除净果肉后将沉入水底的种子取出置于阴凉处将种皮稍微晾干后与3~5倍的湿沙混合均匀（沙的湿度为手握成团，但不滴水，一触即散），然后在室外选择通风、阴凉、高燥处挖深30~40cm，宽50cm的沟（长度由种量而定），沟底铺5~10cm的湿沙，放入种子，上面再盖10cm湿沙，最后用土覆盖并高出地面，防止雨、雪水流入沟内。

如果种子量较少，也可先将种子和沙混合后，放入容器内再放

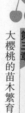

入沟内储藏。

> 【提示】
>
> ① 砧木种子必须要经储藏和后熟才能发芽，即在温度 6 ±
> 1℃、湿度 60% 的条件下储藏 100 天左右。
>
> ② 砧木种子不可暴晒和完全干燥，那样会使种子丧失生
> 命力。

种子储藏期间要定期检查，防止过干、过湿及鼠害等。

(2) 播种 第二年春季当部分种子破壳"露白"时，即可筛除沙子进行播种。

1）播种量。中国樱桃和山樱桃种芽顶土能力弱，一般每亩用种量中国樱桃为 10 ~ 12.5kg，山樱桃为 8 ~ 10kg，马哈利樱桃为 5 ~ 9kg。

2）播种方法。播种时按 30 ~ 40cm 的行距开沟，沟深 1.5 ~ 2cm（种子比较小，顶土能力弱，不能深播）。若土壤墒情不好，开沟后先打底水再播种。播入种子后，每亩用 50% 多菌灵或禾枯灵 1.5 ~ 2kg，用干细土拌和均匀后撒在种子上，防止立枯病。然后覆盖 1cm 厚细土，再覆一层麦草或地膜，以防水分过度蒸发。

(3) 播后管理

1）幼苗出土后，要及时除去麦草或地膜。

2）当幼苗长出 3 ~ 4 片真叶时，及时间苗，保持株距 10 ~ 15cm。

3）嫩茎木质化（图 3-2）后，要追施氮、磷、钾等速效性肥料，如每亩追施尿素 5kg、磷酸二铵 5kg，共追 2 次。每次追肥后及时灌水。

图 3-2 木质化后的中国樱桃砧木苗

7月上中旬以后适当控制肥水，并进行叶面喷施 0.3% ~ 0.5% 磷酸二氢钾溶液，促使幼苗粗壮，便于嫁接和增强其越冬能力。

8月下旬至9月上旬，若苗木粗度达0.4cm以上时可进行芽接。冬季最低温在 −18℃以下的寒冷地区，可于第二年春季嫁接。

> ● 【提示】 用中国樱桃种子播种的砧木苗，嫁接后要在越冬前将根茎嫁接部位埋土防寒。

2. 容器育苗法

容器育苗（图3-3）是一种较为先进的果树育苗技术，所育苗木与大田育苗相比，具有节省土地、苗木生长快而整齐、嫁接容易、移栽成活率高、早果、丰产等许多优点，是近年果树苗木培育的重要方法之一。

图3-3 容器育苗

（1）容器育苗的整地

1）容器育苗在作床前应充分耕耙圃地，做到土碎、地面平整。

2）在平整的圃地上，划分苗床与人行道，床高10cm，床宽100～120cm，长度依地形地势而定，人行道宽40cm，四周开排水沟。若利用温室大棚培育容器苗，可在其内做普通苗床或高架苗床。

（2）容器准备 育苗容器种类很多，可归纳为两大类。一类是容器与苗木一起栽入土中，容器在土中被水、植物根系所分散或被微生物所分解，如泥炭容器、黏土营养杯、蜂窝式纸杯和细毡纸营养杯等；另一类是移苗时将苗木从容器中取出，然后栽植，如塑料容器（图3-4）和育苗袋等。容器规格多采用高度25～30cm、直径18～22cm的塑料

图3-4 塑料容器

容器或育苗袋。

（3）容器育苗营养土的配制 晒干的塘泥20%，园土（打碎）40%，腐殖土10%，草木灰10%，锯木屑10%，河沙10%。每立方米土中拌入菜籽饼粉20kg、过磷酸钙5kg、硫酸钾2.5kg、硫酸亚铁1kg、多菌灵0.5kg，干拌均匀后用沼气肥或猪粪尿拌湿做堆，外用湿泥封好，或塑料薄膜封盖，发酵30天后便可使用。

> ➡ **【提示】** 营养土是容器育苗成败的关键之一。因此，营养土要具备材质轻便（重量小），疏松通气，保水性强，排水良好，多次浇灌后不结块和板结，土壤pH为弱酸至中性，富含有机质，肥料较全面，无病虫、杂草种子等条件。

（4）装填营养土和摆放容器 装填之前要将营养土淋湿，以手捏成团、摊开即散为度。无论采用何种材质的容器，装填时必须将营养土装实，以装平容器口为宜。

将装好基质的容器整齐摆放到苗床上，容器上口要平整一致，苗床周围用土培好，容器间空隙用细土填实。

（5）播种期和播种量 春季当部分种子破壳"露白"时，即可进行播种。播种时在每个容器中央放置1～2粒种子即可（做到不重播，不漏播）。

播后及时覆土，厚度为种子横径的1～3倍。覆土后，随即浇水。覆土后至出苗要保持营养土湿润。低温干旱地区，宜用塑料薄膜覆盖床面。

（6）播后管理

1）留苗。幼苗出齐1周后，间除过多的幼苗，对缺株容器要及时补苗。补苗和间苗后要随即浇水。

2）浇水。在出苗期和幼苗生长初期要多次适量勤浇水，保持苗床和营养土湿润；速生期浇水应量多次少，在苗床和营养土达到一定的干燥程度后再浇水；生长后期要控制浇水。

> ⚠ **【注意】** 浇水宜在早、晚进行，严禁在中午高温时进行。为便于水分管理，容器育苗应配置喷雾、喷灌设施。

3）追肥。由于容器中装的营养土远比苗圃中的土壤少，其所含的养分远不能满足苗木生长的需要，所以必须在整个育苗过程中，对苗木经常施肥来补足肥料短缺。

追肥应根据苗木各个发育时期的要求，结合浇水进行，前期用高氮肥，中期用平衡肥，后期用高磷、钾肥。若施化肥须配制成0.2%～0.5%的水溶液才能施用，前期施肥浓度要稀，后期浓度稍浓，严禁干施。

⊙ 【提示】
　　① 追肥宜在早晚进行，严禁在午间高温时施肥，追肥后要及时用清水冲洗幼苗叶面。
　　② 营养土中已施用缓释肥的可不用追肥。

4）添加营养土。苗期发现容器内营养土下沉，须及时添加营养土，防止根部裸露。

5）遮阳。一般出苗初期和夏季高温期间需对苗木用遮阳网进行遮阳，遮阳透光率为全光照的50%～60%。

6）除草。要掌握"除早、除小、除全"的原则，采用人工拔草，做到容器内、床面和人行道上无杂草。

7）病虫害防治。做好容器苗的病虫害防治，具体防治方法见本书第五章。

二 扦插繁育法

草樱桃、青肤樱和毛樱桃等萌芽、生根能力强的品种常采用此法培育砧苗。扦插繁育法分为硬枝扦插和绿枝扦插两种方法。

1. 硬枝扦插

1）春季采集母株外围的1～2年生发育枝，粗度为0.5～1cm、长约15cm，上端剪平，基部剪成马耳形（图3-5）。一

图3-5　硬枝插条

般每亩用量为2万株左右。

2）扦插前用100mg/L的吲哚丁酸（生根剂）处理插条基部2h或150mg/L的吲哚丁酸处理1h。

3）扦插前先做好苗床，然后覆盖一层地膜，再按行距30cm、株距10cm，将插条插入地膜内（注意倾斜方向要一致）。入土部分占插条的1/2～2/3，顶端留1～2个芽露出地面（图3-6），然后在插条部位浇足水。

4）扦插后10～15天，当芽萌动时，再浇足一次水，以后则根据土壤墒情适时浇水。

5）新梢长到20cm左右时，每亩随浇水淋施5～7kg尿素。

6）雨季来临之前要及时沿苗行起垄培土，培土厚度以埋住新梢基部为宜，以促进扦插苗分枝生根。同时注意排涝和病虫害防治。

图3-6　插好后的硬枝条

7）入夏以后扦插苗加粗生长增强时，再追一次速效氮、磷肥料，可促进生长。

8）扦插苗分蘖力强，对丛生分蘖应及时疏除。

> ◯【提示】硬枝扦插一般到秋季时都可以达到嫁接粗度或出圃标准。

2. 绿枝扦插

1）在6～7月，选择半木质化、粗度在0.3cm以上的当年生枝条，剪成长5cm左右的枝段作为插穗，摘除其下部叶片，保留上部1～2片叶，随采随插。

2）扦插基质采用消毒的河沙、蛭石、珍珠岩等铺在苗床内，厚度为20cm左右。扦插时，将插条基部剪成斜面，蘸100mg/L的吲哚丁酸，呈60°斜插入基质中，深度为插穗长度的2/3。

3）扦插后采用拱棚或遮阳网以保持空气相对湿度在90%以上，经常喷水并且每周喷1次杀菌剂。

4）生根后，逐渐降低空气湿度，增加光照和通风量。

5）其他管理同硬枝扦插法。

> ⚠ **【注意】** 绿枝扦插繁殖的砧木苗当年不能嫁接，到第二年春、夏季才能嫁接。易发生冻害的地区冬季需做防寒保护。

三 分株繁育法

草樱桃的根颈周围易产生大量根生苗，生产中常通过分株繁殖将其作为大樱桃的砧木利用。

一般在春、夏季将根系周围长出的根蘖苗，培上30cm左右厚的土，使其生根，秋后或第二年春季发芽前把生根的萌蘖从植株上分离，集中定植或栽到苗圃地培养，以供大樱桃嫁接利用。

第四节 嫁接与嫁接后管理

无论采用何种育苗方式，当苗木粗度达0.4cm以上时即可进行嫁接。

一 嫁接

1. 嫁接时期

在北方地区，"T"形芽接的适宜时间，分为前期和后期。前期在6月上中旬的15~20天内；后期在7月中旬末至8月，有时可延续至9月中旬，为期50天左右。嫁接过早（5月），接穗幼嫩，皮层薄，接芽发育不充实。嫁接过晚（9月中旬以后），枝条多已停止生长，接芽不易剥离。7月上中旬正值"伏雨"季节，接后易流胶，接口难愈合。

2. 接穗选择

不同时间嫁接，要有区别地选择接穗和接芽。前期（6月上中旬）嫁接时，要选用健壮枝条中部的5~6个饱满芽作为接芽。后期（7~8月）嫁接时，健壮接穗上，除基部芽和秋梢芽外，均可用作接芽。9月嫁接，则要从树冠内膛的徒长枝上，选取饱满芽作为接芽。

近距离嫁接时，接穗应放在装有 3～5cm 深水的水桶中；远途携带时用湿布袋包装，内填湿锯末或湿纸屑。需要外运的接穗每50～100条捆一束，并挂上标签，注明品种，用湿麻袋片、蒲包装好，尽量缩短运输时间；运输途中要注意喷水和通风，以防接穗干枯或发热霉烂；到达目的地要立即取出，用湿布覆盖存放于背阴处备用。

3. 嫁接方法

大樱桃苗砧木嫁接多采用"T"形芽接法、板片芽接法和木质芽接法。

（1）"T"形芽接（图3-7）　嫁接时，在接穗芽的上方 0.5cm 处横切一刀，再从芽的下方 1.5cm 处，由浅入深向上削入木质部至上切口处，轻轻往上一翘，然后用手捏住芽片一侧即取下 2cm 大小的盾形芽片。再在砧木距地面 5～10cm 处选平滑部分切成"T"形接口，深达木质部，长度以刚好容纳住芽块为度。将削好芽块插入砧苗接口，使大樱桃苗芽块与接口紧密吻合，然后用塑料薄膜条自上而下将切口全部捆严，仅露出腋芽和叶柄即可。

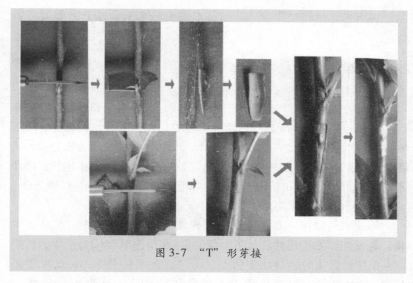

图3-7　"T"形芽接

（2）板片芽接　这种方法全年均可使用，接穗宜采集 1 年生枝，选用饱满芽作为接芽。

嫁接时，在砧木基部距地面 10cm 左右处，选择光滑的部位，沿垂直方向，轻轻削成长 2.5cm 左右、深 2mm 左右的长方形削面。切削接芽时，在接芽以下 1.5cm 处下刀，将芽片轻轻从接穗上削下，削成长 2.5cm、厚 2mm 左右的长方形芽片（图 3-8）。然后，将芽片紧紧贴在砧木的削面上，用塑料薄膜带自上而下包严绑紧即可。

　　（3）木质芽接　这种方法嫁接从春分到秋分都可以进行。嫁接时在砧木距地 5～8cm 处选一光滑面，由下向上轻削一刀，切口长 2.5～3cm、深 2～3mm。用向下削的方法（与削砧木相反）削接穗，取下接芽，接芽要比砧木的切口略小。然后把接芽贴在砧木上，尽可能使接芽与砧木的形成层一侧对齐

图 3-8　板片芽接

（图 3-9），用薄膜自上而下扎严、扎紧，使之不透水、不漏气。

图 3-9　木质芽接

　　◆ 【提示】　砧木与接穗粗度相同时，贴合时要保证两侧都对齐。

　　■　**嫁接后的管理**

　　嫁接后的管理工作非常重要，是确保嫁接成活并能正常生长结

第三章　大樱桃的苗木繁育

43

果的重要一环。如果管理不及时，会导致前功尽弃。

1. 成活检查

嫁接后 10～15 天应检查成活情况，接芽表皮新鲜、叶柄一触即掉的表明已成活，叶柄褐枯不掉的说明没成活，应及时补接。

2. 剪砧

春季芽接时，待接芽萌发新梢长至 3～4cm 时剪砧，剪口和接芽距 2cm。夏季芽接后要立即剪砧，一般要在接芽上部保留 10cm 砧木，目的是让这些叶片制造养分，有利于接芽的愈合，但剪砧可以刺激接芽的萌发，所以接后 15 天，嫁接成活后即把接芽上的砧木剪去，保持接芽的顶端优势。

秋季芽接，接后不剪砧，目的是不让芽萌发，因为如果接芽萌发，生长时期很短，新梢很幼嫩，不能安全越冬，要到第二年春季芽萌发前剪砧。

3. 除萌蘖

嫁接之后，一般砧木都会长出许多萌蘖，为了保证嫁接成活后新梢迅速生长，不使萌蘖消耗大量养分，应该及时把萌蘖除去。

> ⭕ 【提示】 大樱桃和其他果树不同之处是嫁接新梢生长后萌蘖还不断生长，所以除萌蘖尤为重要和困难，必须连续多次进行。

4. 解捆绑

成活的接芽一般经 25 天左右即可解除绑条，也可用刀片将塑料条轻轻割断，以免影响接芽萌发。

5. 摘心

生长旺盛的嫁接苗，为了使其提早成形，可以在圃内整形，当苗高 40cm 时进行摘心，促进摘口下萌发新梢，形成分枝，培养成自然开心形。如果培养主干改良形，摘心要晚一些，在苗高 60cm 时摘心。夏季嫁接当年成苗，因生长期短不要摘心。

6. 肥水管理

为了促进苗木生长，要加强肥水管理，春季结合灌水要进行追肥。第一次在 6 月下旬，主要追氮素肥料，每亩施尿素 10kg，或碳酸氢铵 20kg（也可用硫酸铵 10～15kg），溶化在水中再施入。第二次 7 月中旬以磷钾肥为主，施过磷酸钙 15kg 及硫酸钾 10kg，同时叶面喷肥，可以喷 0.3% 的磷酸二氢钾，促进苗木生长充实。田间要及时除去杂草，灌水后要松土保墒。

为提高苗木的越冬抗寒能力，防止抽干，后期要适当控水、控肥，以免苗木贪青徒长，组织不充实。

⚠ 【注意】 嫁接后不要灌水过早，若干旱必须灌水时可在 1 周后灌水，注意水不要漫到接口，以免引起流胶影响成活。

7. 病虫害防治

苗木生长期间，要搞好病虫防治。萌发后，要严防小灰象甲，可人工捕捉，也可用 80% 晶体敌百虫做成毒饵诱杀。

6～7 月可选用 50% 杀螟硫磷乳油 1000 倍液或 2.5% 溴氰菊酯乳油 2500 倍液防治梨小食心虫危害。

7～8 月喷 1～2 次 65% 代森锌可湿性粉剂 500 倍液，或 40% 多·锰锌 600～800 倍液，或硫酸锌石灰液（硫酸锌 1 份、消石灰 4 份、水 240 份，并充分混合），可预防细菌性穿孔病，防止早期落叶。针对卷叶蛾、刺蛾等害虫，可喷 25% 灭幼脲 3 号 2000 倍液或 50% 敌敌畏乳油 1000～1500 倍液防治。

第五节　苗木出圃

1. 嫁接苗质量评价

大樱桃苗木（图 3-10）质量的优劣评价主要包括以下几个方面。

1）苗干粗壮、通直匀称。实践证明，茎干粗壮的苗木生活力旺盛，对环境的适应力和再生能力强，移栽或定植后成活率高。

2）苗干高，充分木质

图 3-10　大樱桃苗木

化，无徒长现象，枝叶繁茂色泽正常。经过圃内整形的苗木已初具所要求的整形特点。

3）根系发达，主根短而直，侧根和须根多而分布均匀。这样的苗木能适应复杂的环境，栽植后成活率高，缓苗快，生长旺盛。

4）茎根比值小，重量大。一般来说，苗木地上部分的鲜重与根系鲜重比值大，苗木的根系小，起苗时还可能有些损失，很容易使地上部分与地下部分比例失调，栽植后成活率低，苗木生长弱。反之，茎根比值小，苗根发达，有利于成活和幼树生长。

5）无病虫危害和机械损伤。

2. 起苗

嫁接苗经检查后已达到壮苗标准的，可用于定植建园的大樱桃苗木，即可起苗出圃。因容器苗木起苗出圃较容易，因此，这里重点介绍大田育苗的起苗。

（1）起苗的季节 大田育苗一般在落叶后大地封冻前或春季解冻后起苗，具体的起苗时间还应根据大樱桃栽植建园的时间酌情确定。一些地区宜在秋季建园，故应在落叶后起苗，最好随起随栽，以便霜前能使根系创伤恢复，来年春季提前萌动。有些地区须在春季栽植，则应在早春苗木尚未萌动时起苗，抓紧栽植，以免由于春季时间短，气温回升较快，芽苞萌动，来不及栽植或降低成活率。

（2）起苗的方法 大田育苗起苗时可用锨或起苗锄自苗床或苗垄一端挖掘，将苗起出，然后顺苗床或苗垄向前挖掘起出所有的苗木。起苗时应先将苗周围的土刨松，找出主要根系，按要求的长度切断苗根，起出苗木。起出的苗要集中放在背阴处或用湿物覆盖遮阴，以免苗木失水和苗根干枯。

起苗时，如果圃地干旱，应预先适当灌水，使土壤潮润、疏松，这样既省力，又不伤根。还应特别注意掘苗时不要生拉硬劈，以免根、干、枝受伤。尽量不在大风、干燥、霜冻或雨天起苗。

（3）苗木分级 苗木出圃后，无论是大田育苗还是容器育苗都要按苗木生长情况将苗木分级，选出一、二级苗，并将病虫危害、机械损伤和无培养价值的苗木剔除。表3-1是河北省大樱桃苗木质量标准，供参考。

表3-1　河北省大樱桃苗木质量标准

项　　目	级　　别		
	一级	二级	三级
苗高/cm	≥120	≥100	≥80
基径/cm	≥1	≥0.8	≥0.6
嫁接部位	愈合良好	愈合良好	愈合良好
侧根长度/cm	≥20	≥12	≥8
侧根数量/条	4~6	3~5	3~4
检疫对象	无	无	无
病虫害	无	无	无

（4）修剪　分级后可对大田育苗的苗木进行适当的修剪处理，剪除过长、劈裂受伤的根系，剪除部分枝叶，以减少水分蒸发。

（5）打捆　为便于统计苗木数量，分级时还可将大田育苗的苗木按每50或100株捆成一捆（图3-11），分级统计数量，最后汇总各级苗木株数及总产苗量。为避免错乱，苗木分级打捆后，应随即在捆上挂以标签，注明树种、苗龄、总数、捆数、本捆株数、起苗时间等内容，以便调运、储藏、栽植时核对。

图3-11　打捆后的大樱桃苗

⚠ **【注意】** 容器育苗的要带容器出圃，不同的品种计数后要分别做好标记。

3. 苗木的包装与运输

（1）苗木的包装　苗木包装的目的是防止苗木失水干燥、机械损伤、降低苗木质量及便于搬动和运输。

对大田育苗的大樱桃苗木进行包装时，可根据运输距离和时间的长短及苗木大小，采取不同的包装方法。如短途运输，时间较短（不超过1天），可用筐、篓或车辆散装运输，筐、篓和车厢内垫些湿草即可。苗木摆放时使苗根相对，并用湿物间隔分层放置。如果运输路途较长，时间超过1天，必须将苗木用草包或蒲包包装，以便使苗木较长时间保持湿润。

容器育苗的大樱桃苗木可不用包装，直接带容器运输（图3-12）。

（2）苗木的运输 包装好的苗木要尽快运到栽植地。运抵目的地后，应尽快组织栽植。

4. 假植

秋季起出的苗木，若当年秋季不能定植或当年秋季购来的苗木准备第二年春季定植时，必须在土壤冻结前进行假植。

图3-12 容器育苗的运输

假植地点可在背风向阳处挖一条假植沟，沟宽1～1.5m，深0.6～1.5m，长度随苗木数量而定。假植时将苗木单株摆开斜放在沟内，一层苗木培一层湿土，根间需要培些湿土，防止抽干树体。第二年春季定植时，再分层挖出。

> ➜ 【提示】 在假植沟内埋苗时，不能浇水，以免湿度过大烂根。如果假植沟土壤过于干燥，可在挖好沟后浇一次水，假植时一定要等水下渗几天后再用湿土埋苗。

——第四章——
棚室大樱桃的栽培管理

棚室栽培大樱桃，可将生育期划分为露地生长期（从采果后去除覆盖物到秋季落叶为露地生长期）、露地休眠期及覆盖休眠期（从落叶后至棚室覆膜前为露地休眠期。进入露地休眠期后，进行棚室覆盖至休眠解除芽萌动前为覆盖休眠期）、覆盖生长期（从休眠解除芽萌动开始至采果后去除覆盖物为覆盖生长期）三个时期。栽培管理分为覆盖前的管理和覆盖后的管理，各个时期管理的侧重点不同。

第一节　覆膜前的管理

⚠ 【注意】　大樱桃树覆盖前要完成树体的定植与整形修剪工作。

一　棚室栽培大樱桃园址的选择

选择什么样的立地条件建园，关系到树体的生长发育、结果早晚、产量高低以及品质的优劣。因此，棚室栽植大樱桃主要从以下三方面进行选择。

1. 周围环境

大樱桃树是喜光树种，因此无论是塑料大棚还是日光温室一定要建在阳光充足的地段上，东、西、南三面不能有高大树木和建筑物，以提高塑料大棚和日光温室的采光保温效果。

另外，要选择交通便利的地块，有利于产品运销。但不宜过分

靠近公路，防止尘土覆盖棚膜，降低光照强度。

2. 土壤条件

选择土层比较深厚、透气性好、有机质含量高及保水保肥能力强、地下水位低、pH 为 6～7.5 的沙壤土和壤土地块建园最好。但要注意不能与近 5 年内栽培过中国樱桃、桃、李、杏等重茬栽植。

3. 水源

大樱桃是喜水果树，建园时要充分考虑水源和灌溉条件，把园地选择在离水源近，有水浇条件的地方。

二 建园

1. 幼苗栽植

（1）确定栽植密度、授粉品种和栽植方式

1）栽植密度。用于棚室栽植的大樱桃幼苗栽植时株、行距应根据不同棚室结构和土壤肥力而定。一般在肥沃地块建园，以 4m×3m，每亩 55 株为宜，而在肥力中等的地块建园，以 4m×2.5m，每亩 66 株为宜。

另外，还要注意生长势强的品种要合理稀植，生长势较弱、矮生型的品种，应适当减小株、行距。

2）授粉品种的配置。由于大樱桃花药小，花粉量较少，故栽植时宜采取混栽为好。采用行内混栽，每隔 2 或 3 株主栽品种栽 1 株授粉品种；如果采用行列式配置，每隔 2 或 3 行主栽品种栽 1 行授粉品种，否则易致授粉不充分。

3）栽植方式。棚室栽植大樱桃，一般采用行距宽、株距小的南北行栽植方式，这样不仅光照条件好，有利于大樱桃的生长发育，而且行距大，行间还可以加栽蔬菜、草莓等，以增加前期的经济效益。

（2）整地、施肥 棚室栽植大樱桃栽植前要进行整地、平地。整地后按行距拉线，再挖定植沟。定植沟深 70～80cm、宽 150～200cm，沟内按每株 50～100kg 的施肥量施入腐熟优质圈肥、堆肥、厩肥等有机肥（有机肥质量差时可加入适量的复合肥或磷肥），与土混匀回填。填好沟后要灌 1 次透水，使沟内土沉实。

> ⚠️ 【注意】
> ① 采用定植沟栽培有利于增加有机肥的施用量，有利于增强土壤的透气性及撤膜后的雨季排涝。
> ② 肥料与土要混拌均匀，否则会因肥料分布不均匀而造成植株生长不良或死亡。

（3）定植时期 定植的具体时期各地不同，可以春栽也可秋栽。如华北地区，秋栽于落叶后约 11 月中下旬定植，春栽要在樱桃苗的芽将要萌动前（约在 3 月中下旬）定植。

> ➡️ 【提示】秋栽有利于伤根愈合，地温升高后，根系可提早恢复活动，分生新根，吸收水分和营养，使苗木较早发芽。春栽的苗木，根系需要一定的时间来愈合伤口，然后才能分生新根，虽然苗木发芽稍晚，但由于避开了冬季的各种自然灾害，成活率较高。

（4）定植方法

1）确定授粉品种位置。授粉树要在定植前设计好，避免无计划栽植，造成授粉品种分布不均匀。

2）苗木处理。大田育苗的在定植前 1 天，将苗木从苗圃内挖出（按品种捆扎好，挂上标签），剪去劈裂根、伤口较大以及过长的根，再把根系放在水中浸泡 12h 左右，使其吸足水分。在定植前，用多菌灵等杀菌剂和根癌宁（K84）等防根瘤菌剂对根系进行浸根 5min 消毒处理后栽植。

> ➡️ 【提示】棚室定植大樱桃要把弱苗除去，以便于定植后的管理和获得好的经济效益。

3）定植操作。定植时以设计好的点为中心挖定植穴，定植穴的大小可根据苗木根系大小而定。

大田苗定值时用手提住苗木主干立在定植穴正中间，填土至根颈部，用手向上轻轻提苗，使苗根系舒展，然后用脚踏实，上面再

覆土至穴平，栽好后的嫁接部位应与地面相平或高出地面5～10cm。

容器苗若采用泥炭容器、黏土营养杯、蜂窝式纸杯和细毡纸营养杯，则不用去除容器；若用塑料容器和育苗袋育苗，则要去除塑料容器或育苗袋，栽好后的原土坨表面应与地面相平或高出地面2～3cm。

（5）定植后的管理

1）定植当年的管理。

① 苗木定植后，首先用多出的土顺行修畦或在定植穴周围修树盘（图4-1），然后灌1次定根水（要灌足、灌透），使根系与土壤充分结合，水渗入后再用土封穴。

定植后，按预先设计的树形在离地70～80cm处定干，剪口下的第一芽要留在南面。定干时，剪口处与顶芽应留10cm距离，防止顶芽抽干，最好在剪口处涂上凡士林或者油漆，以防止抽条。

② 刚定植的苗木，中耕松土后及时覆盖地膜（覆

图4-1　定植

地膜的直径不能少于1m）。地膜覆盖的优点很多，首先是土壤保墒，一般覆盖地膜后，春季可以不必再浇水，省水省工。另外，可以提高土温，早春种树时土温比较低，根系活动困难，而地膜覆盖能提高土温5℃左右，促进了根系活动，不但能确保栽植苗木的成活率，而且可使幼苗提早发芽和生长。

> ◯ **【提示】** 覆盖地膜必须在中耕后进行，如果在灌水后立即覆膜，这时土壤水分处于饱和状态，覆膜后水分散发很慢，由于地膜的作用，使膜下出现高温、高湿，往往会造成烂根而死亡。

③ 苗木开始萌芽后，灌 1 次水，满足展叶和新梢生长的需求。等土壤稍干时及时中耕松土保墒。萌芽后要及时抹除砧木芽，使营养集中于芽的萌发和生长；成品苗也要注意及时抹除砧木芽。

④ 进入 6 月时及时除去覆盖苗木四周的地膜，改为覆草。

⑤ 修剪。苗木定植后，在生长季的主要工作是通过拉枝、摘心等措施抑制新梢旺长，促生分枝，增加枝量，促进花芽分化，培养结果枝组。

定植第一年的幼树越冬前为了防止抽条，第一年冬季修剪时，只留 3 个主枝和领导干，其他小枝剪除。

⑥ 缠塑料条或涂抹凡士林。修剪后枝条和主干都要缠塑料条，塑料条可以用较厚的塑料薄膜，也可以用地膜，实际操作时，以价格便宜的地膜为好，但不要用超薄地膜。为了使用方便，可将地膜先卷成小卷，然后剪成宽 3～4cm 的条。缠塑料条时一定要缠严，首先要从剪口缠起，然后从上而下一圈压一圈，将枝条都用塑料薄膜包起来，塑料条的末端穿入上面一圈的扣中，压紧。

缠塑料条后，水分蒸发基本上是全部抑制了，能 100% 地防止抽条，到第二年春季芽萌动时，将塑料条解开。

不喜欢缠塑料条的朋友也可使用白色的凡士林涂抹。涂凡士林的时期要在 12 月气温低时进行。涂法也比较简单，戴上手套，将凡士林涂在手套中间，而后抓住枝条由下而上涂抹。涂凡士林时要求涂抹均匀而薄，在芽上不能堆积凡士林。

> **【提示】** 涂凡士林与缠塑料条相比，防止水分蒸发的效果不如缠塑料条，但是在小枝较多的情况下，速度快，比较省工。凡士林防止枝条水分蒸发的效果比缠纸条、喷液体塑料、液体树脂等方法好。

2）定植后 2～3 年的管理。

① 第二年春季三大主枝及中央领导干上都能长出新梢，骨干枝不摘心，其他枝摘心，并要开展角度。

第四章 棚室大樱桃的栽培管理

② 定植苗木成活后第二年，为提高树体的抗寒能力，增加有机质的储存，在9月增施磷钾肥，每株施入100～150g氮肥。第三年9月可适当增加施入量。

③ 在第二、第三年苗木生长期间，在6～7月每隔15天喷磷酸二氢钾进行叶面追肥1次，每年共喷2～3次。

④ 每年秋季落叶后封冻前浇一次封冻水，要求浇足。

⑤ 第二、第三年秋季落叶后，根据需要的树形进行相应的修剪，剪后将短截枝用塑料条包好，其他枝条涂凡士林。

⑥ 9～10月进行树干涂白，涂白高度为60～80cm。

⑦ 立冬前幼树树干可用稻草进行包裹，树根部培土约30cm。第二年春季没有寒流时再将包裹物解下。

这样经2～4年的培养，就可进行棚室生产。

2. 大树移栽

移栽成年结果大樱桃树是棚室促早熟栽培的一条有效捷径。

（1）树体选择 移栽成年结果大樱桃树树龄必须在3年生以上，但不要超过10年生，而且主、侧枝分布均匀，竞争枝和徒长枝少，花束状结果枝多，无流胶病、皱叶病、干腐病、桑白介壳虫等主要病虫害的健壮树。

（2）移栽时期 成年结果大樱桃树移栽一般在春季进行，最佳时间是从萌芽前2周开始至萌芽时止。

（3）移栽前准备 移栽前，对待移栽的大樱桃树适当重剪，修剪程度是常规修剪的1.5倍。

移栽前1周灌水，灌水时要浇足、浇透，使根系能充分吸水。水浇透后，有利于挖掘成球，防止因土壤过干而散开。灌水的同时若能稀释浇灌大树移栽生根剂，则有利于根系的生发与保护，对定植后根系的恢复与生长都有很大的帮助。

移栽前先在栽植地将栽植穴挖好，再安排挖树和移栽。栽植穴深40～50cm，长、宽各100～150cm。株、行距依据树体大小和棚室宽窄而定，可采用2m×3m、3m×3m或3m×4m的栽植密度。挖好定植穴后要对穴土做灭菌杀虫防腐处理，可将"369根腐灵"用细土拌匀，均匀撒在定植穴内（用量按说明书）。

（4）起树与运输 起树时从树冠外围垂直投影下20cm处向内挖土，将土往外倒，外侧浅内侧深，外侧大约深30cm，内侧深50cm，挖土时不要碰伤主根系，更不要切断主根系，尽可能多保留须根系。

挖至距离树干中心20cm左右时轻轻试推主干，没有粗根系与土相连时，将树推倒。树体推倒后立即用蒲包、草片或塑编材料包严，即可运输。运输车的护栏要用草苫或其他包装物裹严，并将树体固定好，保证途中不发生摇晃，以免在运输途中磨伤枝干。

> ● **【提示】** 如果远途运输，当日又不能栽植的，应将根系涂泥浆或喷生根剂后再用塑编材料或蒲包、草片包严。

（5）栽植技术 移栽树运到栽植地后，要立即栽植。将树抬到栽植坑旁边，先除去塑编材料（蒲包、草片可不除），再将大樱桃树抬入栽植穴中央，栽植深度与树体原土坨表面相同，切忌栽深。栽植时要将根系疏展开，边埋土边轻轻摇晃主干边踏实埋土，使土与根系紧密结合。当回填土至土球高度的2/3时，浇第一次水，使回填土充分吸水，待水渗毕后再填满土（注意此时不要再踏实），最后在外围修一道围堰，浇第二次水，浇足、浇透。浇完水后要注意观察树干周围泥土是否下沉，有则及时加土填平。

（6）移栽当年的管理技术 成年结果大樱桃树移栽后1~2年里日常养护管理很重要，尤其是移植后第一年管理最为重要。

1）支撑固定。定植完毕后必须及时进行树体固定，亦即设立支柱支撑，以防地面土层湿软大树遭风袭导致歪斜、倾倒，同时有利于根系生长。一般采用三柱支架三角形支撑固定法，支撑杆底部应入土40~50cm，确保大树稳固。支架与树皮交接处要用草包等作为隔垫，以免磨伤树皮。通常在1年后大树根系恢复良好时撤除支架。

第四章 棚室大樱桃的栽培管理

2）浇水及控水。栽植后应视土壤墒情每隔 5~7 天浇 1 次水，连续浇 3~5 次水。如遇特别干旱天气，可增加浇水频次。与此同时，为了有效促发新根，可结合浇水加"369 大树移栽生根剂"或"苗木专用生根粉"。

> ⚠ 【注意】 浇水要掌握"不干不浇，浇则浇透"的原则，但不是越多越好。如浇水量过大，反而因土壤的透气性差、土温低和有碍根系呼吸等缘故影响生根，严重时还会出现沤根、烂根现象。

3）地面覆盖。地面覆盖主要是减缓地表蒸发，防止土壤板结，以利通风透气。通常采用麦秸、稻草等覆盖树盘，最好的办法是采用"生草覆盖"，即在移栽地种植豆科牧草类植物，在覆盖地面的同时，既改良了土壤，还可抑制杂草，一举多得。

4）树体保湿。主要方法包括包裹树干、架设荫棚、树冠喷水和喷抑制剂等。

① 包裹树干。为了保持树干湿度，减少树皮水分蒸发，可用浸湿的草绳从树干基部缠绕至顶部，再用调制好的泥浆涂糊草绳，以后时常向树干喷水，使草绳始终处于湿润状态。

② 架设荫棚。4 月中旬，天气变暖，气温回升，树体的蒸发量逐渐增加，此时，可在树体上方用 70% 的遮阳网遮阴。10 月以后，天气逐渐转凉，可适时拆除遮阳网。实践证明，搭荫棚是移栽大树最有效的树体保湿和保活措施。

③ 树冠喷水。移栽后如遇晴天，可用高压喷雾器对树体实施喷水，每天喷水 2~3 次，1 周后，每天喷水 1 次，连喷 15 天即可。为防止树体喷水时造成移植穴土壤含水量过高，应在树盘上覆盖塑料薄膜。

④ 喷抑制剂。采用向树体喷施抑制蒸腾剂等措施，可减弱树体的蒸腾作用，防止水分过度蒸发。用于树木移植的植物水分蒸腾抑制剂市面上有售，也可用常用的抗旱剂等（如旱地龙）抑制蒸腾。

5）输液促活。对栽后的大樱桃树进行输液，可通过输导组织直接将营养注入树体，有利于营养的均衡吸收，可迅速补充树木所需的各种营养成分，加快移栽树根系伤口的愈合和再生，提高免疫力及抗病、抗虫能力；促进树木快速生根、发芽，从而避免出现成活率低、枝条干枯、死亡等现象，操作简便安全，不污染环境，是目前大树移栽和树木保健最理想的营养品。

输液时可使用 5.2mm 钻头的无线电钻斜向下呈 45°角在树体上钻孔深 3~5cm 至木质部。使用大树吊袋液成品包装，打开盖子，用输液管连接袋子和钻孔，将袋子固定在树上即可正常输液（图4-2）。一般地 4 月移栽后开始输液，9 月植株完全脱离危险后结束输液。输液结束后注意涂封孔口。

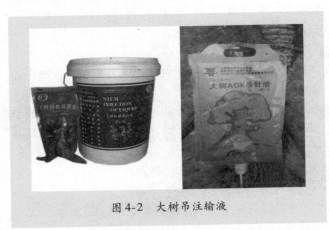

图4-2 大树吊注输液

【提示】 有冰冻的天气不宜输液，以免冻坏树体。

6）疏花。大樱桃树成活后，在移栽当年的花期，于花芽现蕾时及时疏除大多数花蕾，以免开花结果过多影响树体恢复和花芽分化。当年留果量每株最多留 1~2kg 为宜，以恢复树势为主。

7）施肥、打药。移栽后的大樱桃树萌发新叶后，可结合浇水每株施入复合肥 1kg 左右。5 月下旬至 7 月中旬，注意叶面喷施磷酸二氢钾 2~3 次，促进生长和花芽分化。8 月中下旬至 9 月初追 1 次有机肥＋过磷酸钙混合液。9月初停止施肥。

栽后的大樱桃树因起苗、修剪造成各种伤口，加之新萌的树叶幼嫩，树体抵抗力弱，故较易感染病虫害。因此，要根据病虫害发生规律，勤检查，一旦发生病情、虫害，要对症下药，及时防治。

8）排水。对于雨水多、雨量大、易积水的地区，可横纵深挖排水沟，沟深至土球底部以下，且沟要求排水畅通。

9）修剪。定植当年的管理不应强求树形，7月底前应促其旺长，利用摘心促生二次枝、三次枝，最大限度地增加枝叶量；利用拉枝加大枝条角度（70°～90°），均衡和缓和生长势，促生短枝。8月以后，为提高枝条成熟度及芽的质量，可采用轻摘心或喷施生长延缓剂（如200～300倍液的多效唑），控制后期旺长，提高越冬能力。

10）防冻防寒

① 在秋季结冻前，可用稻草包裹树干及主枝，及减弱霜冻对大树的影响，防止大树受冻。

② 喷施植物抗冻液，喷施后能迅速在树木表皮层形成营养抗冻膜系统，增强植物抗霜冻能力，能有效防止初春、秋末和冬初气温变化较大时受到冻害。

③ 在封冻前浇足浇透封冻水，并及时进行树根培土（培土高度30～50cm）。

④ 9～10月进行树干涂白，涂白高度60～80cm。

⑤ 立冬前用草绳将树干及大枝缠绕包裹保暖，既保湿又保温。

（7）移栽后第二、三年的管理　移栽后第二年树势已恢复，易发生过旺生长现象，注意灌水不要过勤过多，适当控制水分和氮肥，除正常管理外，花后半个月开始至果实采收后1个月间，叶面喷施5～6次磷酸二氢钾300倍液，控制旺长，促进花芽分化。生长期进行摘除延长枝顶端的旺长嫩梢和主枝背上的直立徒长梢。如果生长势偏旺可叶面喷施PBO（果树促控剂）调节生长势。

移栽后第三年树势已恢复正常，即可按需要的树形进行修剪，然后进行棚室生产。

整形修剪的目的是要调节树体与外界环境的关系，主要是合理地利用光能；调节生长与结果的关系，使大樱桃树早结果、丰产、稳产，并且延长盛果期。

1. 大樱桃树生长发育特性

（1）幼龄期生长势很强，顶端优势明显 幼树生长快是大樱桃的特点，萌芽和成枝力都很强，生长量很大，树冠扩大很快。旺盛枝条生长直立，顶端优势明显，表现出外围长枝不论短截与否，顶部易再抽生出多个长枝，而其下大多数为短枝，很少有中等枝，自然生长则形成强枝和弱枝，强枝不断向高处生长，争夺阳光和养分；下部2～3年生短枝会迅速死亡，呈现下部光秃的局面，而这些短枝正是最容易转化为结果枝的枝条。因此幼龄期的大樱桃树削弱顶端优势，是整形修剪的主要任务。

（2）内膛结果，对光照要求高 大樱桃以内膛短果枝、花束枝结果为主，要求内膛光照充足，花芽分化好，结果枝短而粗壮，才能丰产、稳产。但由于外围枝生长旺盛，特别是在短截过多的情况下，外围枝量大，枝条密集，形成上强下弱，内膛郁闭，光照不足，使内部小枝、结果枝组衰弱、枯死，内膛空虚。因此，控制外围枝量，开张角度，保证内膛光照，是进入结果期整形修剪的重要措施。

（3）结果枝上花芽是纯花芽，顶芽是叶芽 由于大樱桃结果枝上的花芽是纯花芽，开花结果后不再发芽。因此，在短截修剪时，不能把剪口芽留在花芽上，否则这种无芽枝上结的果营养差、果个小、品质差，同时结果以后就会死亡，变成干桩。所以在短截结果枝、回缩结果枝组时，都要注意顶端必须是叶芽。

（4）伤口愈合能力较弱，剪口容易向下干枯 大樱桃树伤口愈合时间长，同时容易流胶，引起伤口溃烂，因此在修剪时不宜大拉大砍，形成大伤口。由于樱桃枝条组织松软，导管粗，剪口容易失水，形成干桩，使剪口留的芽枯死，所以修剪时期，除幼树需要缠塑料条的地方要早剪外，其他冬季不抽条的地区要晚剪，一般在芽萌发以前进行，这时修剪后，剪口不会干缩，剪口芽能很快萌发。

另外要及时利用摘心来代替冬季短截，注重夏季修剪，减少冬季修剪量。

2. 整形修剪方法

大樱桃整形修剪方法分为生长期修剪和休眠期修剪两种。

（1）生长期的修剪方法　生长期修剪，俗称夏季修剪，指从春季芽萌动后至秋季落叶前的修剪，此期修剪的方法有拉枝、摘心、扭枝、拿枝、刻芽等，生长期修剪对于促进幼树增加枝量，缓和树势，早成形，早成花结果，提高产量，改善品质有显著作用，并且形成伤口小，易愈合，对树体伤害小，是冬季修剪不可代替的。

1）拉枝。将树枝拉成一定的角度或改变方位称拉枝。拉枝法主要用在直立枝、角度小的枝和生长势较旺的、下垂主枝或侧枝上。拉枝角度主枝与侧枝以 60°～70° 为宜，其他枝条可拉到 80°～90°。

拉枝在树液流动后或果实采收后进行。幼树拉枝，一般在定植第二年即开始，因大樱桃分枝角度小，过晚拉枝易劈裂流胶。

拉枝的手段主要有绳拉、石头坠（图4-3）、木棍撑等，拉枝的拉绳一定要埋在树盘内，以免影响行间作业。经过一个生长季节，角度基本固定后，再去除拉绳、石头、木棍等。

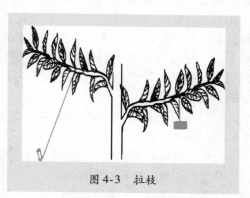

图 4-3　拉枝

> **【提示】** 拉枝的同时需配合刻芽、摘心、扭梢等措施，以增加发枝量，减少无效生长。

2）摘心和剪梢。在新梢尚未木质化之前，摘除先端的幼嫩部分，称为摘心（图4-4），是大樱桃夏季修剪中应用最多的一种方法。对幼树进行摘心，可以促使萌发更多的枝条，促进花芽形成。对初果期和盛果期树摘心，可起到节约营养，提高坐果率和果实品质等作用。

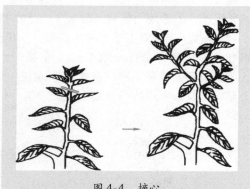

图4-4　摘心

摘心可分为早期摘心和生长旺季摘心两种。早期摘心一般在花后 10 天左右进行，对幼嫩新梢保留 10cm 左右摘除。摘心后，除顶端发生 1 条中枝以外，其他各芽均可形成短枝，主要用于控制树冠和培养小型结果枝组。生长旺季摘心在 5 月下旬至 7 月中旬进行，对旺枝留 40cm 左右把顶端摘除，用以增加枝量，对幼树连续摘心 2～3 次能促进短枝形成，提早结果。

剪梢是指剪去新梢的一部分，主要是在新梢已不能摘心或为扩大树冠时进行。剪梢由于修剪程度大于摘心，其作用也较摘心强烈。

3）扭枝。将生长枝改变生长方向的修剪称为扭枝（图4-5）。经扭枝的大樱桃枝条长势缓和，上部积累养分多，顶芽和侧芽均可获得较多的养分，有利于花芽分化。即使当年不能形成有花芽的枝条，第二年也能形成花芽。

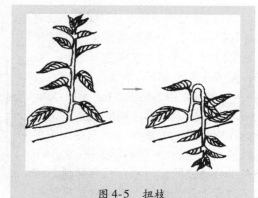

图4-5　扭枝

扭枝在5月下旬至6月上旬新梢尚未木质化时，将背上直立枝、竞争枝及内向的临时性枝条，在距枝条基部5cm左右处，用左手握住枝条下部，右手用力将枝条的1/3处扭转180°即可。

4）拿枝。用手对1年生枝从基部逐步捋至顶端，伤及木质部而不折断的方法称为拿枝（图4-6）。拿枝的作用是缓和旺枝的生长势，调整枝条方位和角度，又能促进成花，是生长期对直立的、生长势较旺的枝条应用的一种方法。

图4-6　拿枝

7月枝条已木质化，从枝条的基部开始，用手折弯，然后向上每5cm弯折一下，直到先端为止。如果枝条长势过旺，可如此连续进行数次，枝条即能弯成水平或下垂状。

5）刻芽。用小钢锯条在芽的上方横拉一下，深达木质部，刺激该芽萌发成枝的措施叫刻芽（图4-7）。刻芽作为促进和抑制芽生长的一项技术，主要用于枝条不易抽枝的部位和拉枝后易萌发强旺枝的背上芽，以及不易萌发抽枝的两

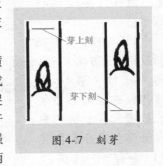

图4-7　刻芽

侧芽。在芽的上方刻伤，有促进芽萌发抽枝的作用。在芽的下方刻伤，有抑制芽萌发生长的作用。

（2）休眠期的修剪方法 休眠期修剪，俗称冬季修剪，修剪时间以早春芽萌动时为宜，否则因大樱桃枝条组织疏松，导管粗大，加上冬季寒冷多风，剪口极易失水形成干桩，影响剪口芽、枝的生长发育。休眠期修剪主要是通过缓放、短截、疏枝、回缩等方法完成修剪任务。

1）缓放。对1年生枝不进行剪截，任其自然生长，称为缓放（图4-8），又叫甩放、长放。

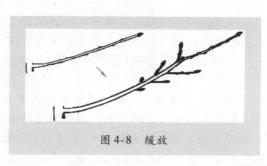

图4-8 缓放

缓放有利于缓和生长势，减少长枝数量，增加短枝数量，促进花芽形成，是幼树上常用的修剪方法。缓放必须因枝而异，幼龄期的树，多数中庸枝和角度较大长枝缓放的效果很好；直立旺枝和竞争枝如果所处空间较大也可缓放，但必须拧劈拉平处理后再缓放，否则如果不处理直接缓放直立旺枝和竞争枝，这种枝加粗很快，容易形成"鞭杆枝"，扰乱树形，导致下部短枝枯死，结果部位外移。幼树缓放最好与拉枝相结合，缓弱不缓旺，缓平斜不缓直立。结果期树势趋向稳定，缓放时应掌握缓壮不缓弱、缓外不缓内的原则，防止树势变弱。

2）短截。将1年生枝条剪去一部分，留下一部分称为短截，也称剪截。短截是大樱桃树整形修剪中应用最多的一种方法，根据短

截的程度不同，可分为轻短截、中短截、重短截和极重短截（图4-9）4种。

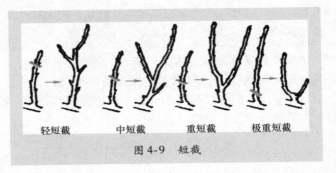

图 4-9 短截

① 轻短截。只剪去1年生枝条顶部一小段，为枝长的1/4～1/3。轻短截可削弱顶端优势，降低成枝力，缓和外围枝条的生长势，增加短枝数量，上部萌发的枝条容易转化为中、长果枝和混合枝。在成枝力强的品种（如大紫）的幼龄期采用轻短截，有利于缓势控长，提早结果。

② 中短截。在1年生枝条中部饱满芽处短截，剪去枝长的1/2左右。由于饱满芽当头，剪口芽质量好，短截后可抽生3～5个中、长枝和5或6个叶丛枝。成枝力弱的品种可利用中短截扩大树冠。一般对主、侧枝的延长枝和中心干都采用中短截以扩大树冠，增加分枝量，衰弱的树更新时，也要采用中短截。

③ 重短截。在1年生枝条中下部次饱满芽处短截，剪截长度约为枝长的2/3。重短截可促使发旺枝，提高营养枝和长果枝的比例。在幼树整形过程中为平衡树势时可采用重短截。欲利用背上枝培养结果枝组时，第一年也要先重短截，第二年对重短截后发出的新梢，强者保留3或4个芽极重短截培养成短果枝组，中、短枝可缓放形成单轴型结果枝组。

④ 极重短截。在枝条基部留几个芽的短截为极重短截。对要疏除的枝条基部有花芽时，可采用留一个叶芽极重短截的手法，待结果以后再疏除。极重短截留芽较秕，抽生的枝长势较弱，所以对幼旺树采用这种方法来培养花束状结果枝组或控制树冠。

3）疏枝。把1年生枝或多年生枝从基部剪去或锯掉的修剪方法叫疏枝。疏枝可改善冠内风光条件，减弱和缓和顶端优势，促进内膛中、短枝的发育；减少养分的无效消耗，促进花芽的形成；平衡枝与枝之间的长势。

大樱桃树不可疏枝过多，很大的枝条一般也不宜疏除，以免伤口流胶或干裂而削弱树势，甚至造成大枝死亡。如果非疏不可的大枝，也要在6月底雨季来临之前完成，伤口要涂抹保护（如涂凡士林等），防止干裂。常见疏枝方法有以下几种。

① 疏除过密、生长较弱的分枝（图4-10），有利增强主枝生长势。

② 疏除生长势较强的枝组（图4-11），有利留下的小枝组生长。

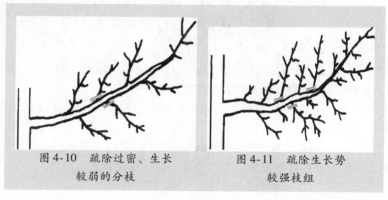

图4-10　疏除过密、生长　　　　　图4-11　疏除生长势
较弱的分枝　　　　　　　　　较强枝组

③ 疏除比较强的侧枝（图4-12），有利营养集中，增强主枝的生长势。

4）回缩。将多年生枝剪除或锯掉一部分，称为回缩（图4-13）。通过回缩，对留下的枝条有加强长势、更新复壮的作用；结果枝组回缩后可提高坐果率、减轻大小年、提高果品质量。回缩的更新复壮作用与回缩程度、留枝质量及原枝长势有关。

回缩程度重、留枝质量好、原枝长势强的，更新复壮效果明显，对一些树冠内膛、下部的多年生枝或下垂缓放多年的单轴枝组，不宜回缩过重，应先在后部选有前途的枝条短截培养，逐步回缩到位。

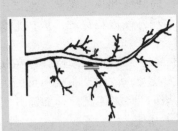

图 4-12　疏除比较强的侧枝

图 4-13　回缩

否则若回缩过重，因叶面积减少，一时难以恢复，极易引起枝组的加速衰亡。

> ➲ 【提示】　在搞好夏季修剪的基础上，大樱桃冬季修剪量极轻。冬剪时避免强求树形，修剪过重，刺激树体旺长，主要对直立旺枝或竞争枝进行极重短截，促发中短枝，对中庸枝和平斜枝可缓放。

（3）大樱桃整形修剪中应注意的问题

1）调查中发现大樱桃修剪中存在的问题较多，主要有以下几个方面。

① 幼树整形上普遍存在着短截过多，短截的年限也较长，大枝多，以至于造成枝条密集，光照条件不良，树形紊乱。

② 结果树在修剪中不分品种，一律回缩短截。

③ 不分树势强弱，采用一个办法修剪。

④ 不分生长季节，不注意年龄阶段，采用相同的修剪方法。

2）整形修剪中应注意的问题。

① 虽然冬季修剪在整个休眠期内都可进行，但对于大樱桃树越晚越好，一般接近芽萌动时修剪为宜。因为修剪过早，大樱桃树枝干的木质部导管比较粗，组织松软，剪口容易失水，影响芽的萌发。

② 大樱桃树的花芽是侧生纯花芽，顶芽是叶芽。花芽开花结果后形成盲节，不再萌发。修剪结果枝时，剪口芽不能留在花芽上，应留在花芽段以上 2～3 个叶芽上。否则，剪截后留下的部分结果以

后会死亡，变成干桩，前方形成无芽枝段，影响枝组的果实发育。

③ 树体枝干受伤后，容易受到病菌侵染，导致流胶或发病。因此，在田间管理上，特别小心不要损伤树体和枝干。修剪时尽量减少大伤口。此外，疏除大枝宜在生长季节或采收后疏除（愈合快，且不流胶）。疏除时伤口要平，不留桩，最忌留"朝天疤"伤口，这种伤口不易愈合，容易造成木质部腐烂。

④ 大樱桃喜光，极性又强，在整形修剪时若短截外围枝过多，就会造成外围枝量过大，枝条密集，上强下弱，内膛小枝和结果枝组容易衰弱枯死。进入结果期后，要注意外围枝量的多少，改善树冠内光照条件，提高树冠内枝的质量。

⑤ 不同品种修剪特点不同。如红灯为代表的类型，在整形过程中，慎重疏枝，并要注意应用撑、拉等方法，结果枝组培养宜培养为紧凑型，注意利用竞争枝；而对于以大紫为代表的类型，要注意适当疏除过密枝、过旺枝条，适度轻短截和缓放中弱枝条，促生叶丛枝。

3. 棚室大樱桃的主要树形及修剪

目前，大樱桃大棚和温室生产中主要树形有自然开心形、改良主干形、主干疏层形、纺锤形、篱壁形和丛状形等。

（1）自然开心形 自然开心形整形容易，修剪量轻，树冠开张，冠内光照好，成形快，结果早，产量高，适合中密度（3～4）m×（4～5）m栽植情况下干性较弱的品种。

1）树形。自然开心形（图4-14）有独立主干，无中央领导干，树干高30～40cm，全树高

图4-14　自然开心形

1.2～1.5m。全树有主枝3～5个，向四周均匀分布。每主枝上有侧枝

6~7个，主枝与主干角度60°~75°。

> **【提示】** 在温室栽培中，其前部棚体低矮，可采用自然开心形。

2）整形方法。第一年定植后在30~40cm处选有较多饱满芽处定干，选留3~5个向外侧生长、生长势均衡的分枝作主枝，其余萌芽抹除。

第二年春天，对选留的3~5个主枝，剪留40~50cm。短截后，每个主枝除延长头外，还可发3或4个侧枝，在生长季对有空间的侧枝可进行摘心，促进分枝，培养结果枝组。到秋季，要按树形的要求，对主侧枝拉枝开角至30°~50°。

第三年春天，根据株行距的情况，继续培养侧枝。侧枝可视空间大小而定，空间小的不短截，空间大的短截促发分枝。

第四年只对个别枝进行调整，或更新回缩。

（2）改良主干形 改良主干形结构简单，骨干枝级次少，整形容易，树体光照好，成花容易，结果枝数量多，营养集中，产量高，品质较好，最适合密度在（2~3）m×（3~3.5）m条件下干性较强的品种，目前大棚和温室栽培多采用此种树形。

图4-15 改良主干形

1）树形。改良主干形（图4-15）类似苹果的自由纺锤形，有主干和中心干，主干高50~70cm，树高2.5~3.3m。在中心干上着生10~15个单轴延伸的主枝，下部主枝间的距离为10~15cm，向上依次加大为15~20cm，下部主枝较长，长2~2.5m，向上逐渐变短。主枝基角为40°~45°，在主枝上直接着生大量的结果枝组。

2）整形方法。第一年春定干高度在距地面50~70cm处，通过刻芽促发多主枝。萌芽后选择方位分布均匀、生长势大致一致的3~5个新梢培养主枝，其余萌芽一律抹除。

第二年萌芽初对上年培养的下部主枝进行拉枝，不短截，只剪除梢头的几个轮生芽，疏除多余分枝，同时对主枝上的侧芽进行芽前刻伤，促发侧枝形成。中心干延长枝留30~40cm短截。生长期注意剪除主枝上的直立新梢和梢头多余分枝，并将上年培养的上部主枝拿枝开角，中心干延长枝继续摘心，促发分枝。

第三年萌芽初继续拉枝，主枝延长枝留外芽轻短截，疏除徒长枝和直立枝。中心干延长枝留30~40cm短截。生长期的整形修剪同第二年生长期，主要抹除多余萌芽和摘除主枝背上直立新梢、徒长枝等。对主枝上的侧生分枝中度摘心，培养结果枝或结果枝组。

第四年修剪同第三年，主要疏除内膛徒长枝和直立枝，当株间无空间时，可停止短截主枝延长梢，稳定树势，培养结果枝和结果枝组。

（3）主干疏层形　主干疏层形修剪量大，整形修剪技术要求高，成形慢，但进入结果期后，树势和结果部位比较稳定，坐果均匀，适于稀植栽培。

1）树形。主干疏层形（图4-16）有中心干。干高50cm左右，树高2.5~3m。全树有主枝6~8个，分3~4层，第一层主枝3~4个，主枝开角约60°~70°，每一

图4-16　主干疏层形

主枝上着生4~6个侧枝；第二层主枝2~3个，开角45°~50°；第三、四层各有主枝1~2个，开角小于45°，第二、三、四层各主枝上着生1~3个侧枝。第一、二层层间距为60~70cm，二三、三四层层间距为50~60cm。各级骨干枝上配备各种类型的结果枝组。

2）整形方法。第一年春定干高度为距地面 50cm 处，萌芽后选择方位分布均匀、生长势大体一致的 4~5 个新梢培养主枝，其余萌芽一律抹除。当年生长期将位置最高的一个枝作为中心干延长枝，其余三主枝作为第一层主枝培养，三主枝在主干上方位分布均匀，并将主枝拉枝呈 60°~70°。

第二年萌芽初将中心干留 60~70cm 短截，培养第二层主枝，并将第一层 3 个主枝留 50~60cm 短截，剪口留外芽，促发侧枝形成，并将角度不好的主枝进行拉枝。生长期对第二层主枝进行拉枝，摘除梢头多余分枝，并对中心延长梢摘心，促发第三层主枝。对第一层主枝上的背上新梢进行重摘心或摘除。

第三年萌芽初期，如果计划培养四层主枝，可对中心干留 50~60cm 短截，培养第四层主枝，如果只留三层主枝就可将中心干延长枝落头处理。各主枝延长枝继续留外芽短截，同时对主枝上的侧芽进行芽前刻伤，促发侧枝形成，并疏除直立枝和徒长枝等，对第二层主枝进行拉枝，并将第一层主枝的拉枝绳前移。生长期间，对第三、第四层主枝拿枝处理，注意抹除多余萌芽和摘除梢头多余分枝，对生长势过旺的主、侧枝可进行连续轻摘心，培养结果枝，经 3 年的培养基本可以达到标准的树形。

第四年主要是短截、回缩侧枝，培养结果枝和结果枝组。

（4）纺锤形 纺锤形树体结构简单，修剪量轻，枝条级次少，整形容易，成形和结果早，树冠通风透光好，适于密植栽培。

1）树形。纺锤形（图 4-17）有主干和中心干，主干高 40~60cm，树高 2m 以上，冠径 1.5~2m。中心干

图 4-17　纺锤形

上配备单轴延长的主枝 6~10 个，上面着生大量结果枝组。下部主

枝开张角度为80°~90°，上部为70°~80°。下部枝略长，上部枝略短，上小下大，全树修长，整个树冠呈细长纺锤形。

2）整形方法。第一年春定干高度在距地面40~60cm处，萌芽后培养4~6个新梢，抹除多余萌芽。当年生长期当中心干延长梢长至50~60cm时留30~40cm摘心，促发2~3个分枝，并对下部主枝拿枝开角。

第二年萌芽初对下部主枝进行拉枝，并对主枝上的侧生芽进行芽前刻伤，中心干延长梢留30~40cm短截。疏除徒长枝，留外芽剪除各主枝的顶芽。生长期对上部主枝拿枝开角，疏除下部主枝上的梢头分枝，保留延长梢。摘除主枝和主干上的直立梢和徒长枝。中心干延长梢仍留30~40cm摘心，促发分枝。

第三年萌芽初对上部主枝进行拿枝或拉枝，各主枝上的侧生芽进行芽前刻伤，中心干延长梢留30~40cm短截。树高和各主枝都达到要求高度和长度时进行缓放，没达到时继续培养。下部留三主枝的，每主枝上还可保留2~3个侧枝。

第四年以后的修剪主要是对过于冗长的或下垂枝进行回缩。

（5）篱壁形　篱壁形主枝角度开张，树冠通风透光好。由于顶端优势受到抑制，结果枝形成早，发育好，结果部位集中，采摘方便。

1）树形。篱壁形（图4-18）有主干，主干高40~50cm，树高2~2.5m，冠长2~3m。在中心干上着生4~5层水平生长的8~10个主枝，即每层2个主枝，顺行

图4-18　篱壁形

对生，在主枝上直接配备中小型结果枝组。层间距为30~40cm。

2）整形方法。第一年选用长为100cm以上的健壮苗木栽植，栽后在距地面40~50cm处定干，萌芽后选择3个生长势大致相同的新梢，其余萌芽抹除。当年生长期选择位于顶部中心的直立枝作为中

心干延长枝，下部2个枝作为第一层主枝。当中心干延长枝长至60～70cm时，留40～50cm摘心，促发分枝培养第二层主枝，并对第一层的2个主枝进行拿枝开角。

第二年萌芽初将下部的第一层和第二层主枝，分别顺行绑在第一、第二道铁丝上，并进行轻短截，对主枝背上的芽进行芽后刻伤或在萌芽后抹除，两侧芽在芽前刻伤，促发斜生的侧枝，培养结果枝或中小型结果枝组。中心干留40～50cm短截，培养第三层主枝。生长期将第三层主枝分别绑在3道铁丝上，对第四层主枝拿枝开角，并注意对中心干延长梢摘心，培养第四层主枝。

第三年萌芽初将第四层主枝，绑在第四道铁丝上，其他处理同第二年。经3～4年的培养成形，有4～5层主枝就不再留中心枝。采用双篱架栽培的，每层要选留4个主枝，如果不设篱架栽培，可以采用定位拉枝法，把主枝拉向顺行水平状，整形方法同有支柱形式。

第四年主要是短截、回缩侧枝，培养结果枝和结果枝组。

（6）丛状形 丛状形没有主干和中心领导干，自地面分出长势均衡的3～5个主枝，主枝上直接着生结果枝组。这种树形优点是骨干枝级次少，树体矮，树冠小，成形快，结果早，产量高，而且抗风力强，不易倒伏。适合沿海和风大的地区种植，也适合于密植。

图4-19　丛状形

1）树形。丛状形（图4-19）一般主枝3～5个，向四周开张延伸生长，每个主枝上有3～4个侧枝。结果枝着生在主、侧枝上。主枝衰老后，利用萌蘖更新。

2）整形方法。第一年在定植以后促发3～5个主枝，6～7月间对主枝留30～40cm摘心，促发二次枝，一方面可提早结果，另一方面又可防止内膛光秃。

第二年春天萌芽前，如果枝量不足，对强枝留 20cm 进行短截，其余的枝不超过 70cm 的不剪，任其生长，超过 70cm 的枝留 20~30cm 短截。剪截时，剪口芽一律留外侧芽，距芽 0.5cm 处剪断。

第三年春只对个别枝进行短截调整，其余的枝条缓放，基本完成整形过程。这时，第一年发出的短枝上 90% 的芽已形成花芽，可开花结果。

第四年只对个别枝进行调整，或更新回缩。

四 扣棚与升温

当单位面积的大樱桃园具备了足够的枝叶量和一定数量的花芽，能形成相当的商品产量（如每亩产 250kg 以上），要开始考虑建棚了。一般情况下，成年结果树移栽的，在第三年秋季开始建棚、扣棚；幼树定植的，一般在第四年秋季开始建棚、扣棚。

1. 建棚

大樱桃种植者根据选择的建园地点、各自的经济条件、选择的棚型建造大棚或温室（因选择的棚型不同，所用建筑材料和数量各异，这里不再详细讲述建造过程）。

2. 扣棚

从理论上讲，如果是大棚和温室栽培，扣棚时间越早，成熟上市越提前，效益越高。但落叶果树大棚和温室栽培中扣棚时间是有限制的，并不是可以无限制提前和随意而定的。因落叶果树都有自然休眠的习性，如果没有通过自然休眠，即使扣棚升温，给其生长发育适宜的环境条件，也不会萌芽、开花；有时尽管萌芽，但往往不整齐，时间延长，坐果率低。生产中普遍存在扣棚时间不当，尤其是过早扣棚而导致大棚和温室栽培失败的问题。

落叶果树在年生长发育过程中有两个显著不同的阶段，即休眠期和生长期。生产中为使大棚和温室大樱桃树较早通过自然休眠，常采用人工低温集中预冷法，即当外界气温第一次出现 0℃ 以下（初霜冻）低温时，就可进行扣棚覆盖，棚室薄膜外加盖纸被、草苫等防寒物。覆盖后棚内温度保持在 0~7.2℃，若温度高于 7.2℃，可在晚间温度低时揭苫通风降温，日出前放苫保温（生产

中也称"反保温");若温度过低,可在白天适当卷苫升温至7.2℃。只是草苫等的揭盖与正常保温时正好相反,夜间开启棚室风口让冷空气进入,做低温处理,白天盖上草苫并关闭风口,以保持夜间低温。

一般情况下大樱桃树落叶后经 45～50 天,低温量在 1100～1440h 时,大樱桃树即可顺利通过自然休眠期。时间上在北纬 40°附近地区一般于 10 月中下旬至 11 月初覆盖,北纬 45°附近地区一般于9 月下旬至 10 月上中旬覆盖。

> ⊙ **【提示】** 应有专人记录每天的温度,计算累计需冷量。

扣膜(图 4-20)时应尽量选在无风的天气进行。先用麻绳(或竹竿)穿入穿绳筒。扣顶部的膜时两边分别拉紧,扣两侧薄膜,无穿绳筒的边留出 40～50cm,埋入土中固定,再将穿麻绳(或竹竿)的一边在上部拽平拉紧后固定好,然后将顶膜压在两侧薄膜之上,膜连接处应重叠 20～30cm,以便排水。顶部的薄膜相交处也应重叠 20～30cm。扣棚膜时要绷紧,尽量减少皱褶。最后,在棚膜上每两根拱杆之间用压膜线或铁丝拉紧后固定在两侧地锚的铁丝套上。

扣棚后要在树盘两侧覆盖地膜(图 4-21),控制根系活动早于树体萌动,使树体养分循环能够上下衔接,使扣棚树体保持养分供给及时,不造成早期落花落果。

图 4-20 扣膜

图 4-21 树盘两侧覆盖地膜

3. 升温

升温是指扣严棚膜，关闭通风口，日出后拉开草苫使其棚室内温度升高，使大樱桃树体接受阳光；下午 4 时左右温度较低时将覆盖物放下，保持其棚室内温度。

升温时间依据大樱桃休眠期的低温需求量和棚室类型以及栽培目的来确定。

(1) 根据大樱桃的低温需求（需冷量）确定 经 45～50 天的低温休眠后，低温量在 1200h 左右后开始升温。

> ● 【提示】 据辽宁省果树科学研究所研究表明，红灯的需冷量为 850h，佳红为 950h，拉宾斯为 1040h。因此，大棚和温室促早熟栽培大樱桃，需冷量达到 1200h 左右开始升温较为安全可靠。

(2) 根据棚室类型确定 日光温室栽培大樱桃，因其有较好的保温性能，满足低温需求量后，升温越早越好。大棚栽培大樱桃，由于保温性能较差，覆草苫的应在外界平均温度不低于 −12℃ 左右时升温，无草苫覆盖的应在外界平均温度不低于 −8℃ 左右时升温。如果升温过早，在开花期和幼果期可能遭受寒流的影响，使棚内温度下降较大，导致冻害发生。

第二节 覆膜后的管理

利用大棚和温室栽培大樱桃，其环境条件与露地不同，它不仅受自然条件的限制，也受人为因素的影响。最大限度地创造出一个适宜大樱桃生长的环境是至关重要的，其中温度、湿度、光照等因素直接影响大樱桃树体的生长发育，也是关系大棚和温室大樱桃栽培成功与失败的关键。

一 温度

1. 棚室栽培大樱桃对温度的要求

棚室栽培是在不适宜大樱桃生长发育的季节进行反季节栽培，而大樱桃在生长发育的每一个阶段对温度的要求并没有变化，特别是扣棚升温后至萌芽前、萌芽期、花期前后、幼果期和果实生长发育期对温度均有特定的要求。温度的高低和温度变化幅度均会对坐果率、果实发育、果实品质等产生重要影响。因此，温度管理是棚室大樱桃生产过程的重要技术环节。

（1）孕花期　从开始升温起至开花为萌芽期，也称孕花期，此期间温度控制不可过高或过低，因为棚室内温度过高、过低都会影响大樱桃花芽分化的质量，最终影响树体的坐果率和产量。一般要求开始升温后，第一周棚室内白天温度 10～15℃，夜间 0～5℃；第二周白天温度 13～17℃，夜间 2～6℃；第三周白天温度 15～18℃，夜间 3～8℃；第四周后一直到开花期，白天温度 17～20℃，夜间 5～10℃。

> ⚠️ **【注意】**　棚室温度应缓慢提高，从开始升温至初花期间必须保证有 1 个月左右的时间。否则，即便是开花了，坐果率也是极低的。有取暖设施的，也不要经常加温，特别要注意夜间温度不能过高。

（2）花期　大樱桃的开花期对温度的要求更为严格，温度过高、过低均不利于花朵的授粉受精。白天温度应保持在 18～20℃，夜间最低温度不低于 8℃。

> ➡️ **【提示】**　此期要防止夜间 0℃ 以下的低温和 25℃ 以上的高温伤害。

（3）幼果期　白天温度控制在 22～25℃，夜间温度控制在 10～12℃，有利于果实迅速膨大。

（4）果实着色至成熟期　白天温度控制在 22～28℃，夜间温度控制在 12～15℃，保持昼夜 10℃ 左右的温差，有利于果实着色和糖分的积累。

> ⚠️ **【注意】**　幼果至着色期间的温度控制过低，不仅会延迟果实成熟期，影响果实品质，还会影响花芽分化。但温度过高，虽可使果实生长期缩短，加速果实成熟，但会影响果个大小，使果实着色不良，降低果实的商品价值。

2. 棚室的温度调控措施

根据热量平衡原理，只要增大传入的热量或减少传出的热量，就能使棚室内维持较高的温度水平；反之，便会出现较低的温度水平。因此，要采取保温、增温或降温措施，调节控制棚室内的温度。

（1）**保温措施**　最有效的保温办法就是采用隔热性能好的保温覆盖材料多层覆盖，减少热量损失。

多层覆盖常见做法：一是在棚外覆盖草苫、纸被或保温被；二是使用保温性能好的材料并尽量加厚；三是尽可能减少棚室缝隙，及时修补破损的棚膜；四是设置防寒沟，减少土壤热量横向传导；五是棚室内除人行道外全面地膜覆盖；六是采用膜下暗灌、滴灌等。

（2）**增温措施**　当遇到气温骤降，棚内温度过低时，或连续阴雪天白天不能卷苫时，应增加临时供暖设备增温，如暖风、加温补光灯、炉火加温等。

掌握正确的卷放苫时间也是增加温度的必要方法。虽然早揭晚放可以延长棚内的光照时间，但是当外界气温过低时，揭苫过早或放苫过晚也会影响棚内温度，应正确掌握揭放苫时间。一般揭苫后，棚内气温短时间下降 1～2℃后然后上升，为比较合适的揭苫时间。若揭苫后棚内温度不下降而是升高则揭苫过晚。若放苫后温度没有回升，而是下降，则是放苫时间过晚。冬季一般在正常天气情况下，日出后 1h 揭苫，日落 1h 前放苫较为合适，春季适当提前揭延后放。在特殊寒冷天气或大风天气时，要适当晚揭早放。在天气暖和时日出时揭，日落时放。阴天时在不影响温度情况下尽量揭苫，散射光也有利于树体生长发育，避免阴天不揭苫。

除以上措施外，经常及时清除棚膜上的灰尘，增加透光率也是有效的增温措施。

（3）**降温措施**　棚室内降温主要通过设置通风窗、通风缝和通风孔等来调节，生产中多采用前屋面上部扒缝的方法降温。

大棚和温室因封闭严密，在晴朗天气棚室内温度提升很快，特别是日光温室，即便在冬季，如不注意通风降温，室内温度仍可达

30℃以上，而春秋季节遇晴天，室内温度会更高。温度过高，会给大樱桃带来严重的高温危害，特别是大樱桃树，开花时期室内空气温度高于22℃，会引起柱头干燥失水，影响授粉、受精，降低坐果率。果实进入幼果发育时期，室内空气温度过高，又会发生日烧病，损害果实。所以必须及时通风降温，防止室内高温情况出现。因此，当温度达到该物候期的适宜温度范围的上限时，可拉开风口，通风降温。开启通风口时，要先开小口，使温度不再上升即可，如果温度继续上升，可再次加大风口，使温度稳定在该物候期适宜温度范围的上限。

> ⭕ 【提示】
>
> ① 不可一次性猛然开大风口，严禁室内温度骤然下降，诱发闪叶现象发生，给大樱桃树的生长发育，造成不应有的损失。如果遇到阴天，一般不须通风，但若遇到连续阴天，每隔3天左右，可在中午时，开小口通风半小时左右，排除棚室内有害气体，防止其浓度超标，给大樱桃树造成危害。
>
> ② 棚室内的温度调节是大棚和温室栽培的关键环节，要责成专人负责，定时观察变化情况，做好记录。

二 湿度

棚室内的湿度管理，一般指空气相对湿度的管理。棚室内湿度的管理与温度管理同等重要，必须对湿度及时加以调节，使之达到大樱桃各生育阶段的要求。

1. 湿度要求

从升温到萌芽，空气相对湿度要保持在70%~80%之间，开花期保持在50%，花后至采收期保持在60%左右。

花期湿度过大或过小均不利于授粉受精，湿度过高，花粉不易发散，且易感花腐病；湿度过低，柱头干燥，不利于受精。幼果期湿度过大时会引起灰霉、煤污病菌滋生，侵染叶片和幼果。果实着色期，湿度过大时会降低透光率，不利于着色，容易引起裂果。

2. 湿度的调控措施

棚室内湿度的调节应把土壤湿度、空气湿度和通风排湿结合起来进行。

（1）降湿措施　降低棚室内空气湿度主要有以下几种方法。

1）通风排湿。采取通风的方法降低棚室内湿度，但应以不影响棚室内温度为准。

2）改变灌水方式。采用挖坑灌水后覆土或膜下暗灌、滴灌等方法，可降低棚室内湿度。另外，选择晴天上午灌水，中午通风时加大通风量也可排除一部分湿气，降低夜间空气湿度。

3）放置生石灰。果实成熟初期在棚室内放置生石灰，利用生石灰吸湿的特性，吸收棚室内空气水分，降低棚内湿度。放置生石灰时要用容器盛装，每隔 3~5m 放置 1 处，每亩用量为 200~300kg。

（2）增湿措施　需要增湿的时期主要在萌芽期和开花期，增湿措施主要是向地面喷水或用加湿器来增湿。向地面喷水要在晴天上午 9~10 时向地面喷雾或洒水，水不要喷洒过多，以放苦前 1~2h 全部蒸发完为宜。

三　光照

大樱桃是喜光性强的树种，在大棚和温室栽培条件下，受棚室结构、方位、覆盖材料及管理技术的影响，其光照强度降低，容易出现光照不足，影响光合作用，表现出新梢细弱、节间延长、叶片薄软、绿色不浓等不良现象，使树体发育不良，花芽分化率降低，果品质量下降，甚至减产。因此，当开花和幼果期遇连续的阴、雪天气，需要采取增光、补光措施，以弥补光照不足。若光照强度太强，则需要采取遮光措施。

1. 增加光照的措施

生产中通常采取以下技术措施来增加光照。

（1）延长采光时间　在保温前提下，尽可能早揭晚盖保温覆盖物，增加光照时间。

（2）清洁棚膜　每 7~10 天清洁 1 次塑料薄膜屋面的外表面，保持透明屋面干净；内表面借助通风等措施减少结露，防止光的折射；雪后及时清除积雪等。

（3）合理修剪　依据棚室内不同位置的高度差，阶梯式栽植或阶梯式整形修剪；选择合理树形和树体结构，加强生长季修剪，减少株间遮光。

第四章　棚室大樱桃的栽培管理

（4）补光　在开花和幼果期遇到连续 3 天以上阴雪天或多云天气无法揭苫时，应该进行补光。人工补光常用的光源有白炽灯（图 4-22）、节能灯等。灯距树体顶部叶片 60cm 以上为宜，每 40 ~ 50m² 设 1 盏灯为宜。

图 4-22　棚室内的补光灯

2. 减少光照的措施

晴天中午前后，光照过强、温度过高，大樱桃生长发育有影响时需要进行遮光。遮光可采用遮阳网、无纺布等覆盖物遮盖。

四　气体

棚室栽培大樱桃，从萌芽至采收期间处于密闭状态，棚室内空气成分与露地不同，主要表现为氧气和二氧化碳的含量与露地空气中的含量不同，还有肥料分解和塑料薄膜老化释放的有害气体等。

1. 二氧化碳（CO_2）的补充

二氧化碳（CO_2）是绿色植物光合作用的主要原料，棚室在冬季严寒时期密闭保温，在阳光和水充足的情况下，由于叶片的光合作用，室内二氧化碳含量降低，使大樱桃的光合速率降低，影响树体的发育和果实的生长，因此，及时补充二氧化碳十分必要。

生产中通常采取以下方法补充二氧化碳。

1）施用固体二氧化碳肥料或二氧化碳气肥。目前，国内一些厂家生产的二氧化碳颗粒气肥，理化性质稳定，施入土壤遇潮后，可连续缓慢产生二氧化碳气体，使用方便，安全可靠。每亩棚室内 1 次施用 40 ~ 50kg 颗粒气肥，可连续 40 天以上不断释放二氧化碳气体，使棚室内二氧化碳含量提高。

在大樱桃棚室内补充二氧化碳时，应在花后开始使用，颗粒气肥的施用方式为沟施或穴施，一般在行间开沟或挖穴，深2～3cm，撒入颗粒气肥后覆土厚约1cm。

2）通风换气调节，晴天揭苫后和放苫前在不影响温度的情况下，少量开启通风口进行气体交换，补充二氧化碳。

2. 有害气体的调控

大棚和温室内有害气体包括氨、二氧化氮、一氧化碳、二氧化硫、乙烯和氯等。

（1）氨 氨（NH_3）主要来自未腐熟的畜禽粪、饼肥等的发酵分解。此外，施用氮肥如碳酸氢铵、尿素等，都会引起氨气的积累。氨气在空气中的含量达到5mg/kg时，大樱桃的嫩叶首先受到损害，开始出现水渍状斑点，严重时变色枯死。

氨害多发生在施肥后1周内。为了避免氨害的发生，必须施用经过充分腐熟的有机肥。施氮肥要沟施，边施边及时覆土，并结合灌水，以防氨气的挥发，若有发生应及时通风排除氨气。

（2）二氧化氮 二氧化氮（NO_2）气体多由不合理施肥方法和施用过多氮类肥料造成，当土壤呈碱性或氮肥施用量过多时，硝酸细菌的作用降低，多余的二氧化氮不能及时转变成硝酸，则在土壤中积累或释放至空气中，使树体受害。

二氧化氮的危害多发生在施肥后1个月左右。当二氧化氮含量达到25mg/kg时，叶绿体褪色，出现白斑，浓度高时叶脉变成白色，甚至全株枯死。为避免二氧化氮的挥发，施用氮肥时，要少量多次，最好与过磷酸钙混施。

（3）二氧化硫和一氧化碳 二氧化硫（SO_2）是由于燃烧含硫量高的煤炭而产生的，施用未腐熟的粪便及饼肥在其分解过程中，也会释放出较多的二氧化硫。当二氧化硫含量达到5mg/kg只要1～2h，叶片的叶缘和叶脉间细胞就可致死，形成白色或褐色枯死。

一氧化碳（CO）是由于煤炭燃烧不完全和烟道有漏洞缝隙而排出造成的，不仅对树体，而且对管理人员的危害都很大。为防止二氧化硫和一氧化碳的危害，加温时用的燃煤要选用优质无烟煤，要燃烧彻底，烟道要严密。若发现有烟气或异味，要及时通风换气。

（4）乙烯和氯 乙烯和氯来自于有毒的塑料薄膜和有毒的塑料管。乙烯在空气中的含量超过 0.05mg/kg 时，易造成危害，使叶片褪色，严重时引起死亡。当氯的含量达到 0.1mg/kg 时，就可破坏叶绿素，使叶片褪色、枯卷，甚至脱落。

经常通风换气和采用安全无毒的塑料制品，是防止乙烯和氯产生的有效方法。

五 花、果

在大樱桃栽培过程中，加强花果期管理是提高产量、增进品质的重要技术措施。

1. 保证充足光照，提高花蕾质量

在萌芽期，应使树体尽量多的接受阳光照射，对提高花蕾发育质量和坐果率十分重要。

盛花前 10 天开始，晴天中午天天放风，使花器官尽早经受锻炼，接受一定的直射，提高花芽发育质量。

2. 提高坐果率

（1）花期喷施叶面肥 据试验，花期喷施 200 倍硼砂液，或喷尿素＋磷酸二氢钾混合液，可明显提高坐果率。

（2）喷施 PBO（促控剂） 对生长势较旺的树，和整个萌芽至开花期间时常处在阴雪寡照的情况下，可以在花前 1 周左右或花后 1 周左右喷施 1 次 PBO 300 倍液，对控制新梢旺长、提高坐果率有显著作用。

（3）辅助授粉

大樱桃是自花结实能力较低的树种，为了提高坐果率，确保多结果，除建园时配置授粉树外还应做好人工授粉和访花昆虫辅助授粉。

1）人工授粉。

① 授粉时间和次数。大樱桃花在开花 2 天以内授粉能力最强，3 天以后授粉能力降低。大樱桃从开花、传粉到授粉全过程需 48h 左右。

a. 采花。授粉前 2~3 天，在棚内采集多个授粉品种上含苞待放（铃铛花期）的花蕾（图 4-23）。

b. 取粉。将采集到的花蕾撕裂花苞，并将两朵花对揉，然后除去杂物，把花药在纸上摊薄薄一层阴干，温度保持在 20～25℃，最高不超过 28℃，经过 36～48h 花药开裂，花粉散出，把花粉和花药收集起来放到干燥的小瓶中避光备用。

② 授粉方法。大樱桃花量大，不适宜人工点授，生产上可采用鸡毛掸滚授法、树上抖花粉法和机械喷授法。一般在上午 9～10 时和下午 2～3 时授粉为宜。

a. 鸡毛掸滚授法。棚室内大樱桃开花后 1～2 天，在上午 10 时后到下午 3 时前，用鸡毛掸在不同大樱桃品种树上进行滚动完成异花授粉（图 4-24）。在整个花期要滚动 3～4 次，滚动时要掌握轻重，避免伤及花朵。

图 4-23　铃铛花蕾　　　　　图 4-24　鸡毛掸滚授法

b. 树上抖花粉法。将花粉与淀粉以 1:4 的比例混合，装入用纱布缝制的袋内，用长竹竿挑着举到花的上方，再用另一根竹竿敲打纱布袋，使花粉散落在花的柱头上授粉。

c. 机械喷授法。机械喷授又叫喷雾授粉、液体授粉，是用喷雾器通过喷雾、喷粉进行授粉，这种方法大大提高了人工授粉的效率。喷授可按水 1.25kg + 尿素 25g + 硼砂 25g + 白糖 25g + 混合干花粉 25g + 少量豆浆的比例制成水悬液，用超低容量喷雾器，于盛花期喷雾，连续喷 2～3 遍。雾滴飘移，全树授粉，省工省时。但要注意，花粉液要随配随用，不宜放置太久，要求配好后，在 2h 内喷完，以免降低花粉的活力，影响授粉效果，喷雾前要先行过滤，以防堵塞喷头。

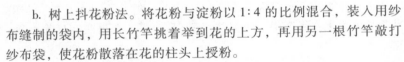

第四章　棚室大樱桃的栽培管理

一般来说早期开放的花质量好，坐果率高，果个大，因此在第一批花开放时授粉效果好。由于大棚和温室大樱桃开花期不整齐，为确保坐果率，可在整个花期进行3~4次人工授粉。

2）人工放养蜜蜂授粉（图4-25）。大樱桃花期，每个棚室放养一箱蜜蜂授粉，坐果率可提高10%~20%。

3. 疏花与疏果

疏花疏果是指人为地去掉过多的花或果实，使树体保持合理负载量的一种技术措施。

（1）疏花 疏花在开花前及花期进行，主要疏去树冠内膛细弱枝上的畸形花、弱质花，

图4-25 蜜蜂授粉

每个花束状果枝上保留2~3个饱满健壮花蕾即可。

（2）疏果 实践证明，在管理条件较好的情况下，棚室内栽培的大樱桃比露地大樱桃的坐果率高。因此，一般在盛花后2周，生理落果之后进行疏果。疏果程度要根据树体长势和坐果情况确定，一般1个花束状果枝或短果枝留4~5个果，叶片不足5片的弱花束状果枝不留果；每个中、长果枝留7~8个果。疏果时，疏除小果、畸形果。

4. 除花瓣

棚室大樱桃的花期较露地花期空气湿度大，又无空气流动，花瓣不易脱落或落在叶片和果实上，不仅影响叶片光合作用，还易引起叶片和果实灰霉病的发生。因此，在落花期间，要每天下午2~3点轻晃枝条，振落花瓣，并人工摘除落在叶片和果实上的花瓣。

5. 促进果实膨大和着色

由于棚膜的反射、吸收及棚膜污染等原因，棚室内的光照条件

一般较露地差（为自然光照的 70% 左右）。为了提高棚室大樱桃果实的着色度，在升温到采收前的管理过程中，应注意以下几点。

（1）擦棚膜 每隔 7～10 天擦棚膜 1 次，对环境污染严重的地区应缩短擦棚膜的间隔期。

（2）叶面喷肥 花后脱萼前，叶面喷施氨基酸复合微肥或稀土微肥等可显著提高叶片质量，提高光合效率，促进果实着色发育和果粒重。

（3）摘叶 在合理整形修剪、改善冠内通风透光条件的基础上，在果实着色期，将遮挡果实受光的叶片摘除即可。但摘叶程度不宜过重，以免影响花芽的分化和发育。

（4）追肥 在肥水管理过程中，花后的追肥应以钾肥为主，加大钾肥的追施比例。对于生长势强的大樱桃树，花后可只追钾肥；采收前 20 天减少灌水量或停止灌水，以提高果实的含糖量，促进着色。

6. 防止裂果

近年来，棚室大樱桃采前裂果问题尤显突出，严重影响其商品性，并已经成为困扰果农增收的重要因素。生产中预防和减少裂果可采取以下措施。

（1）稳定土壤水分状况 果实发育期科学灌水，防止土壤忽干忽湿，保持水分平衡供应。干旱时要小水勤浇，尤忌久旱浇大水。

（2）树体水养调节 在大樱桃开花前、幼果期和果实膨大期分别喷洒"瓜果壮蒂灵"+（0.3%～0.5%）尿素 +0.3% 磷酸二氢钾液，提高果实品质，调节大樱桃树体内水养均衡，增强树体活性，防止大樱桃裂果。

（3）采收前喷布钙盐 在果实采收前，每隔 7 天连续喷布 3 次 0.2% 的氯化钙液 + "新高脂膜"，可减轻大樱桃裂果。

六 土、肥、水

棚室栽培大樱桃相对于露地栽培，其栽培密度大，单位面积中产出量大，因此，为充分满足棚室大樱桃在每个发育时期对土、肥、水管理的需求，就要根据其在各个生长发育时期对营养和水分的需求规律进行合理管理。

1. 土壤管理

（1）松土 及时松土可以减少土壤水分蒸发，保持适宜墒情，

防止土壤板结；同时，还可抑制杂草滋生，提高土壤的通气性。对结果树来讲，萌芽至果实硬核期松土，还有提高坐果率和促进花芽分化的作用。

松土的时间一是在萌芽前，二是在每次灌水之后。树体萌芽前的翻树盘松土深度在 10～20cm，距主干处稍浅，外缘处渐深。每次灌水后的松土深度一般为 5～10cm。

（2）树盘覆草 树盘覆草能使表层土壤温度相对稳定，保持土壤湿度，提高有机质含量，增加团粒结构。

覆草时间一般以揭膜后的夏季为最好，将割下的杂草、麦秸秆、玉米秸秆、稻草等物覆于树盘土壤表面，数量一般为每亩 2000～3000kg，厚度以 15～20cm 为宜。

> ○ **【提示】** 覆草后喷农药时，覆草也要喷施，以消灭潜伏其中的害虫。覆盖的草，应在树体萌芽前结合翻树盘将腐烂的草翻入土中。

2. 施肥

从萌芽至采收是大樱桃需肥的高峰期。在这一时期，要进行土壤追肥和叶面喷肥。

（1）土壤追肥 土壤追肥可追 2 次。

第一次追肥在开花前，每亩施有机肥 3000～5000kg，复合肥 100kg 后深耕，或人粪尿 30kg，开沟追施，施后浇水。

第二次追肥在大樱桃果实采摘以后（方法见本章第三节）。

（2）叶面喷肥 结合病虫害的防治每年叶面喷施液体肥 3 次。

第一次在花前喷 0.30% 的尿素。

第二次在花期喷 0.3% 的硼砂。

第三次在果实膨大期到着色期喷 0.30% 磷酸二氢钾 2～3 次，也可喷 600 倍奥普尔有机活性液肥 2～3 次。

3. 水分管理

棚室大樱桃生产在冬春季，并有塑料薄膜覆盖，无雨水，蒸发量也小，这是与露地生产的不同之处，需要细心观察和管理。

（1）灌水时期与灌水量 根据大樱桃对水分的需要特点及温室栽培的特点，升温后到果实采收期主要抓好以下几个灌水时期。

1）萌芽水。升温后 1~7 天，此次灌水一般结合升温后第一次施肥进行，水量要灌足灌透，以地面不积水为宜。

2）花前水。开花前 15 天左右，为防止开花期水分不足，可根据土壤墒情，适当补充水分。此次灌水量不宜过大，以防开花期地温不足，影响坐果。

3）落花水。此次灌水一般结合升温后第二次施肥进行，灌水量可适当大些。

4）催果水。即硬核后灌水，一般以花后 15~20 天（硬核后）灌水为宜，灌水量不宜过大，结果大树株灌水量以 50~60L 为宜。

5）采前水。采收前 10~15 天是大樱桃果实膨大最快的时期，这一时期缺水，影响果个增大，严重的还会引起果实软化，导致产量降低。但是，如果水量过大不仅会引起裂果，还会降低果实品质，因此水量应与催果水相同。

（2）灌水方法　灌水的方法很多，有膜下暗灌、沟灌、坑灌和滴灌等。

1）膜下暗灌。膜下暗灌技术，是在覆膜之前在树根的两侧开两行灌水沟再覆膜的方法。灌水时，从膜下的一侧灌水沟进行灌溉。据试验，膜下暗灌不仅比传统的畦灌节水 50%~60%，而且还能减少棚室内的湿度。

2）沟灌或坑灌。即在树盘上挖环状沟或圆形坑，深 20cm 进行灌水，待水渗下后覆土。此种灌水方法是杜绝落果和裂果的最佳方法，因水分缓慢渗透到土壤中，根系吸收均衡，就不会引起落果和裂果。

3）滴灌。滴灌需在园内安装滴灌设施，将灌溉水通过树下穿行的低压塑料管道送到滴头，由滴头形成水滴或细水流，缓慢地渗透到树根部。滴灌可保持土壤均匀湿润，同时又可防止根部病害的蔓延，也是节约用水的好方法。

第三节　采果撤膜后的管理

大樱桃在前期的生长、结果过程中，消耗了树体内储藏的大量营养，果实采收后进入光合作用的营养积累阶段，采后管理的好坏直接影响树势和下一年产量，是不容忽视的。

一　夏秋季管理

大樱桃果实采收后的首要工作是及时补肥、灌水，而不是揭膜。

1. 及时补肥、灌水

大樱桃果实采收后 10 天左右就开始花芽分化，为恢复树势，保证正常的花芽分化，采果后半个月内必须完成施肥、灌水。

肥料种类以含有多种养分的速效肥为好，如腐熟人粪尿水、沼液、腐熟豆饼水、复合肥等含有多种元素的有机肥和无机肥。其用量依据肥料种类不同而定，一般结果大树每株施优质圈肥 20kg，沼液 40kg，磷肥 0.3kg，钾肥 0.8kg；若用复合肥，每棵树施 1.5 ~ 2kg。

在每行的每两株之间，挖深 30cm、南北宽 30cm、东西长 100cm 的施肥沟。要结合开沟剪除挖掘后已显露的根，更新、缩剪根系，以减少根量，控制树体扩大。缺铁、锌的园地每亩按硫酸亚铁 25kg、硫酸锌 15kg 与有机肥混匀后施入。施肥的同时要浇 1 次水，雨季来临后不再灌水和追肥。

9 月中、下旬，要在栽种行的另一边挖掘施肥沟（以后每年轮换操作即可）。株施有机肥（猪厩粪）100 ~ 150kg，或纯湿鸡粪 30 ~ 50kg，若无有机肥可使用株施果树专用肥 + 硫酸钾（4:1）0.5kg，或株施复合肥 3 ~ 4kg。每次喷药时加入 0.3% 的磷酸二氢钾，保护后期叶片。秋季施肥浇水后，待土不黏时，将全园普遍耕翻一次，提高土壤通透性，有利于根系生长。

2. 撤掉棚膜

棚室促早熟栽培大樱桃，3 月中旬开始采收，到 5 月上中旬采收完毕时，外界气温与棚内气温相差还比较大（尤其是北方地区），此时如果撤膜，树体就不能适应外界环境条件，造成树体和叶片的伤害，也易影响花芽分化，因此，必须在外界温度与棚内温度基本一致前通风锻炼 15 ~ 20 天后才能撤掉棚膜。

通风锻炼时要将正脊固膜杆或绑线松开，两侧的固膜物不动，使棚膜逐渐下滑，或同时将底角棚膜往上揭。每 2 ~ 3 天揭开 1m 左右。如果遇到降温天气时，将棚膜放下，回暖时再扒回原位。

3. 合理修剪

撒掉棚膜后逐渐进入高温多雨的夏季，树体会出现旺长现象。为了有效地控制树体发育速度，促进花芽的分化，在整个生长期要进行多次修剪工作。修剪的主要手法是摘心、拿枝和拉枝等。

4. 适时化控

对旺树在采取各项夏剪措施后仍不能抑制生长时，要适时喷 200～300 倍多效唑或 180～200 倍 PBO（促控剂）进行控制，间隔半个月，一般旺树喷 2～3 次（只喷旺梢）即可收到较好的抑制效果。

5. 病虫害的防治

撒膜后病虫害的防治是棚室大樱桃采果后的主要管理任务之一。各地应根据当地病虫害发生情况及时进行防治，防止叶片受害而提早落叶。

6. 防旱排涝

棚室揭膜后进入露地管理期间，防涝也是一项不可忽视的工作。因为大樱桃树最怕积水受涝，一旦树盘上积水时间在 24h 左右时，树体就会因水淹而死亡。有时虽然地面没有积水，而土壤相对含水量长时间超过 80% 以上时，也会造成涝害。因此，除了要求在建棚时避开低洼易涝和排水不畅的地段外，在雨季来临前要挖好排水沟，保证园内雨后的积水在 2h 内排净，如果不能自行排净，要进行人工排水。

7. 除草灭荒

雨后喷克无踪 + 乙阿合剂，控制杂草生长，但要防止药剂喷到叶片上造成药害。

8. 改良品种

如果品种栽植不当或搭配不好，就需要改良品种。嫁接宜在 8 月樱桃树第二次新梢停止生长、第三次新梢还未发生的间隙，宜用带木质嵌芽接法进行嫁接，在一年生或二年生枝条上进行嫁接改良（具体方法见本章第四节）。

第四章 棚室大樱桃的栽培管理

二 初冬管理

1. 整形修剪

初冬修剪是樱桃树管理的一项重要技术措施，也是休眠期消灭越冬病虫的有效方法之一。

（1）回落中央领导干　此法可使每株大樱桃树冠的总体高度分别下降 50～80cm，防止树体越长越高，影响棚室内通风透光条件。

（2）剪截、疏除主枝　要重截强主枝、中截中庸主枝，让其回缩至中部或后部的分杈处，重新培养、发展成主枝。

（3）细剪各个枝组　要细致修剪主枝与主干上着生的各个枝组、枝条，疏除密生的鸡爪枝、直立枝、重叠枝、外围竞争枝，重短截中长枝，保留平斜中庸枝组。

（4）培养新结果枝　树体经过重剪后，会激发众多的新芽、新枝，对部位适宜者应注意培养成新的主枝或结果枝组；对部位不适宜的须及时除萌，清理层间。

（5）保护伤口，封闭锯剪口　冬季修剪留在树上的伤口，是病菌的侵入途径，同时也是一些害虫的越冬场所。可采用油漆或凡士林涂抹保护伤口，阻止病菌的侵入。

2. 清园

及时清扫落叶，收集病果、病枝等，并集中烧毁或深埋，消灭越冬病源，减少次年病虫害发生。

3. 深刨树盘

树冠下的土壤中潜伏着许多越冬的病虫，在土壤上冻前，深刨树盘，可直接杀伤一部分在土壤中越冬的害虫。同时，通过翻动土壤，可将一部分害虫暴露土表，使这部分害虫被鸟啄食或是在寒冷的冬季被冻死。

4. 树干涂白

落叶后到封冻前，树干涂白后可有效地防冻和防止抽干并减少枝干病虫害。

5. 浇好封冻水

土壤结冻前开始浇封冻水，要浇透浇足，保证冬春对水分的需要，防止冬旱和冻害。

第四节　改接与衰老树的修剪

一　改接

由于棚室栽培过程中大樱桃授粉品种少、授粉品种不对或其他原因，造成棚室大樱桃整棚坐果少，严重影响棚室大樱桃的产量和效益时，要采取"长枝嫁接"技术，对大棚和温室内的品种进行改良。长枝嫁接，可实现当年嫁接，当年开花结果（据试验，改接当年，株产 3.5kg，第二年株产 7.5kg，第三年株产 15kg），当年为其他品种授粉。

1. 嫁接时间

栽植大樱桃的棚室升温后 15 天至萌芽前，选择晴天进行嫁接。

> ● 【提示】　以早接为宜，但要注意棚内温度过低会影响成活率。

2. 嫁接方法

长枝嫁接可采用劈接、切接和皮下腹接法。

（1）劈接法　劈接法（图 4-26）用的砧木，基部直径要在 3.5cm以上，接穗也应选用粗壮的枝条，刀具必须锋利。先将砧木锯断，用刀削平断面，再用劈接刀劈 4 ~ 4.5cm 深的切口，用螺丝刀或木楔撑开切口。然后把接穗的下端削成两个斜面，长度 3.5 ~ 4cm。斜面要平滑，接穗长度以

图 4-26　劈接法

带 2 ~ 3 个芽为宜。削好的接穗可分别从切口的两侧插入砧木，并使其形成层对齐，然后用塑料薄膜带自上而下绑缚。

⚠【注意】劈口要平滑,不可劈裂。若劈口劈裂或接穗太细结合不紧,则不易成活。

(2)切接法 切接法(图4-27)适合较细砧木,砧木直径1~1.5cm,接穗粗度0.5~1.0cm。接穗带2或3个芽,下端正面削成一长斜面,长33.5cm,长斜面的对面削成一小斜面,呈45°角,长约0.5cm。然后将砧木在距地面15~20cm剪断,从断面的一侧切一纵口,深约4cm,将削好的接穗长斜面向里对齐一边形成层插入砧木纵口,再用塑料布条绑紧。

(3)皮下腹接法 皮下腹接法(图4-28)在砧木中下部与枝条纵轴成30°斜切至枝条横径1/3处。接穗为具有2个饱满芽的

图4-27 切接法

枝段,下端削成一侧厚(与顶芽同侧)一侧薄的削面。将砧木切口撑开后插入接穗,砧穗形成层对齐,削去接穗以上的砧木,然后绑扎严紧。

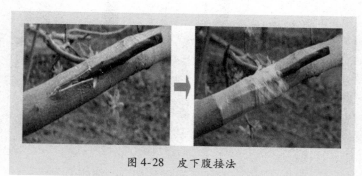

图4-28 皮下腹接法

> **⚠️【注意】**
> ① 嫁接前 2~3 日，对改接树进行充分浇水，而嫁接后则严禁浇水，以免引起流胶，影响成活。
> ② 接穗选用 2~3 年生长枝段。
> ③ 接穗的削面尽量加长，以利于成活。
> ④ 嫁接口一定绑结实，使嫁接口与接条密切接合，对齐形成层。
> ⑤ 嫁接后 15 天视愈合程度去掉接口上包扎的薄膜，过早过晚都影响成活。若解绑过早，尚未完全愈合；解绑过晚，又易使塑料膜带进树皮，使嫁接枝折断，具体操作时可根据接口愈合情况分 2~3 次解绑。

3. 嫁接后的配套管理

当大棚和温室的棚温上升到 15~22℃，嫁接枝段开始生长，此时应根据物候期进行一系列的树体管理工作。

（1）及时除萌 改接后，破坏了树体的根冠比例，嫁接口以下部位易萌发蘗芽，为集中养分促使嫁接带花长枝的生长，于嫁接后 7~10 天进行 1 次除萌，以后每隔 7~10 天再除 1 次，连续进行 3~5 次，直到无萌蘗抽生为止。树冠内膛光秃缺枝部位，可适当保留萌条，待以后补接。

（2）立支柱 当接芽新梢长到 20cm 左右时，在苗木近旁插一支柱，首先将接口部固定在支柱上，随着新梢的增高，分段用绳子绑缚。将新梢固定在支柱上，一般需固定 2 道以上。

（3）摘心 为促生长多出枝，增加嫁接枝的分枝数量，骨干枝延长新梢长到 30~40cm 时，重摘心，剪去 10cm，促发二次枝。同时，绑缚支柱，防止生产管理过程中人为损坏或折断，摘果后，立即去掉支柱，二次枝新梢长到 20~30cm 时，再重摘心，剪去 10cm，促发三次枝。

（4）肥水管理 在施足腐熟基肥的前提下，从成活后开始每隔 10~15 天追肥浇水 1 次，连续 4~5 次，以氮肥为主，迅速扩冠。展叶后，每隔 7~10 天喷施 1 次，连续喷施，前期以氮肥为主，辅以有机液肥。

（5）**病虫害防治**　改接后新梢较多，易受到梨小食心虫危害新梢，应注意防治，同时注意红蜘蛛和穿孔病的防治。

（6）**改接后的整形修剪**

1）生长期修剪。主要在新梢生长期和采果后，新梢生长期可采取摘心、剪梢、拉枝或扭梢等措施抑制新梢旺长，促生分枝，增加枝量促进花芽分化。采果后修剪多采用疏枝的办法，疏除过密、过强、紊乱树形的大枝。

2）休眠期修剪。从落叶开始至升温前结束，修剪时间越晚越好，修剪以轻剪为主，尽量不剪，以拉枝开角、扭梢改造为主，采用刻、拉枝技术，促进成花。

（7）**秋施基肥**　结合深翻时秋施基肥，可采用放射沟施方法。大樱桃的根系在较低温度下能吸收营养和发生新根，基肥应以沟施或环状沟施肥为好，深度 30~45cm，时间为 9~10 月，可选择腐熟好的优质农家肥，如人粪尿、羊粪、猪粪、鸡粪、鸭粪等，尽量选用大牲畜粪，每亩地施有机肥 4000~5000kg，加速效氮肥 40kg，过磷酸钙 50~100kg，锌肥 2kg，硼肥 1~2kg，混合后施用。

（8）**合理浇水**　浇水时应采取沟灌或穴灌法，同时雨季注意排水。

二　衰老树的修剪

大樱桃树进入衰老期后，生长势明显下降，产量显著减少，果实品质亦差，这时应有计划地分年度进行更新复壮。

利用大樱桃树潜伏芽寿命长易萌发的特点，在采果后分批回缩大枝，大枝回缩后，一般在伤口下部萌发几根萌条，选留方向和角度适宜的 1~2 年生萌条来代替原来衰弱的骨干枝，其余萌条过密处及早抹掉部分萌条，促进更新萌条生长。对保留的萌条长至 20cm 时进行摘心，促其分枝，及早恢复树势和产量。如果有的骨干枝仅上部衰弱，中、下部有较强的分枝时，也可回缩到较强分枝上进行更新。

更新的第二年，可根据树势强弱，以缓放为主，适当短截选留的骨干枝，使树势很快恢复。

—— 第五章 ——
大樱桃病虫害及缺素症的防治

"预防为主，综合防治"的植保方针是我国植物病虫害防治倡导多年的指导思想，在强调食品质量安全的今天具有非常重要的现实意义。

第一节 大樱桃病虫害的综合防治

生产上针对大樱桃的病虫害防治，要坚持"农业防治、物理防治为基础，生物防治为核心"的无害化治理原则，根据病虫害的发生规律，科学使用化学药剂，有效控制病虫为害。

> ● 【提示】 病虫害综合防治并不排斥使用农药，但只能作为其中的一项辅助性措施，如果通过其他措施可以将病虫害基本控制，就可以不必用药。实在非用不可，也必须"适当"，以防止产品的污染。

1. 农业防治

农业防治主要是通过加强或改进栽培技术措施，增强树体的抗逆性，消除病虫害发生的条件或直接清除病虫源来防治。大樱桃生产中常用的农业防治措施主要有以下几种。

1）选用优质壮苗。

2）彻底清园，降低虫口基数，减少发生量。

① 大樱桃果实膨大着色期，及时清除大棚内外的杂草和垃圾。

② 果实成熟时及时采收，成熟后尽快清出裂果、病虫果及残次果。

③ 采收后，应及时清除棚室中的落果、烂果，集中深埋处理。

④ 冬剪后应及时清除落叶、果枝。

3）将树干上的粗翘皮和苔藓等寄生物刮除干净，然后用石灰涂白剂在主干上进行涂白，可有效消灭隐藏在树皮下的越冬害虫。

> **⚠【注意】**
>
> ① 树体刮皮时间宜从入冬后至第二年扣棚前进行，不宜过早或过晚，以防树体受冻或失去防病治虫的作用；操作时动作要轻，防止刮伤嫩皮和木质部。
>
> ② 石灰涂白剂的配置比例：生石灰 10kg、食盐 150～200g、面粉 400～500kg、清水 40～50kg，充分溶化搅匀后，涂在树干上。涂白高度一般为 60～80cm。

4）虫伤或机械伤口等是最易感染病菌的地方，对较大的伤口应先刮净腐皮朽木，用快刀削平伤口后，涂上 5 波美度石硫合剂或波尔多液消毒，防止感染，促进愈合。

5）施肥与病虫害发生密切相关，生产中应注意不要过量施用氮肥，以免引起枝叶徒长，诱发病虫害；提倡配方施肥，适当增施磷钾肥。

增施有机肥、平衡施肥能够提高树体的抗病性，增强土壤通透性，改善土壤中的微生物群落，降低腐生菌基数，提高有益微生物的数量，同时保证根系发育健壮。

6）湿度大是灰霉病、根瘤病等多种病害的诱发因素，因此在扣棚期浇水时应尽量采用滴灌、穴灌等节水灌溉措施，有效控制棚内空气湿度。

7）合理修剪，改善果园通风透光条件可以有效抑制病虫害的发生。

2. 物理防治

物理防治就是采用物理措施进行病虫害防治的方法，常用的物理防治措施有以下几种。

（1）人工灭虫　挖越冬茧，人工捕捉红颈天牛、金龟子等；人工刮除枝干上的蚧虫、树裂缝中的蚜虫、红蜘蛛、梨木虱等害虫；

人工摘取害虫卵块、捕捉幼虫集中杀灭等。

（2）诱杀

1）利用糖醋液诱杀成虫。将糖: 醋: 果酒: 橙汁: 水按 1.5: 1: 1: 1: 10 的比例配制成糖醋液，放入口径约 20cm、深约 8cm 的塑料盆中，每盆约 500mL 左右，悬挂于树冠下部阴凉处，高度不超过 1m，每亩悬挂 8～10 盆，定期清除盆内成虫，每周更换 1 次糖醋液，虫量大时应补充糖醋液。

> ⊃ **【提示】** 每 500mL 糖醋液中，加入 5g 豆腐乳或灭蝇灵，可提高诱杀成虫效果。

2）使用黄板诱杀。一般每亩悬挂 20～25 块黄板（图 5-1）。所用黄板除进行购买外，还可自行制作，即用柠檬黄色万通板（或塑料板）、或木板漆柠檬黄色油漆，长 30cm、宽 20cm，板两面均匀涂上一层凡士林或黄色的润滑油。

3）使用诱虫灯。一般一个大棚或温室最好配置 2 个诱虫灯（图 5-2）。

图 5-1　黄板

图 5-2　诱虫灯

4）秋季树干缠草绳，诱导下树越冬害虫、害螨聚集，扣膜前解下草绳集中烧毁。

3. 生物防治

生物防治主要利用生物药剂，如苏云金杆菌（Bt）、白僵菌、阿维菌素、中生菌素、多氧霉素、农抗 120、烟碱、苦参碱、印楝素、

除虫菊、鱼藤、苦蒿素、松脂合剂、灭幼脲、除虫脲、卡死克、扑虱灵、机油乳油、柴油乳油、腐必清、吡虫啉、马拉硫磷、辛硫磷、敌百虫、双甲脒、尼索朗、克螨特、螨死净、毒菌清、喷克、大生M-45、新星、甲基托布津、多菌灵、扑海因、粉锈宁、甲霜灵、百菌清等无公害生物农药防治病虫害，可有效地减少农药残毒污染。

4. 化学防控

使用化学合成的杀菌、杀虫剂进行病虫害防治的方法称为化学防治。在大樱桃生产中，允许使用生物源农药、矿物源农药和低毒有机合成农药，有限度地使用中毒农药，禁止使用剧毒、高毒、高残留农药，如甲拌磷、治螟磷、甲基对硫磷、对硫磷、内吸磷、久效磷、杀螟威、甲胺磷、异丙磷、三硫磷、甲在硫环磷、甲基异柳磷、氧化乐果、磷胺、磷化锌、磷化铝、特丁硫磷、克百威、涕灭威、灭线磷、硫环磷、蝇毒磷、地虫硫磷、氯化唑磷、苯线磷、氰化物、氟乙酰胺、砒霜、杀虫脒、西力生、赛力散、溃疡净、氯化苦、五氯酚、二溴氯丙烷、氯丹、毒杀芬、二溴乙烷、除草醚、艾氏剂、狄氏剂、汞制剂、砷类、铅类、敌枯双、甘氟、毒鼠强、氟乙酸钠、毒鼠硅等。

> **【提示】**
>
> ① 在生产中要做到有针对性的适时用药，未达到防治指标或益、害虫比合理的情况下不用药。允许使用的农药，每种每年最多使用 2 次，最后一次施药距采收期间隔应在 20 天以上。限制使用的农药，每种每年最多使用 1 次。注意不同作用机理的农药交替使用和合理混用，以延缓病菌和害虫产生抗药性，提高防治效果。喷药时，力求均匀周到。
>
> ② 花期不能浇水，不能喷杀虫、杀菌剂。
>
> ③ 大樱桃树对有机磷农药敏感，生长期要慎用。

第二节　大樱桃的主要病害及其防治

1. 立枯病

立枯病又称猝倒病，主要为害大樱桃砧木苗。

【发病症状】 幼苗出土后，茎基部未木质化前，病菌从幼嫩根茎部侵入，开始产生浅黄色水渍状斑，后呈黄褐色，当病斑包围全茎后，茎基腐烂（彩图9），幼苗倒伏死亡。也有的病菌从茎基部侵入，使茎基部皮层发褐，而叶子枯黄，但不倒伏，最后苗木立着枯死。

【病原】 病原为丝核菌、镰刀菌和腐霉菌等。

【发病特点】 苗圃地地下水位高，排水不良，土壤黏重，土壤易板结，容易发病。整地粗放，床面不平，或床面太低，都有利于病害发生。氮肥过多，苗木生长嫩弱，也容易发病。

【防治措施】

1）苗床用土和盆栽用土，都必须是无病新土或消毒土（消毒方法见本书第三章第二节）。

2）播种或种植前灌水，保持土中水分充足，在幼苗出土后20天内，严格控制灌水。

3）幼苗发病初期，用70%甲基托布津700~800倍液浇灌，可起到灭菌保苗的作用。

⚠ 【注意】 苗圃地最好选择5年内未栽培过中国樱桃、桃、李、杏的地块。

2. 根瘤病

根瘤病又叫根头癌肿病，大樱桃发生根瘤病后，生长缓慢，树势衰弱，产量降低，寿命缩短，严重影响果实的产量和质量。

【发病症状】 根瘤病主要发生在嫁接部位，有时也发生在粗的侧根上。发病初期，病部形成灰白色瘤状物，表面粗糙，内部组织柔软，为白色。病瘤增大后，表皮枯死，变为褐色至暗褐色，内部组织坚硬，木质化，表面常长出稀疏细根毛。病瘤呈球形或扁球形（彩图10），大小不等。病树长势衰弱，产量降低，严重时死亡。

【病原】 根瘤病的病原是一种土壤杆菌。

【发病特点】 病菌在根瘤组织的皮层内越冬，也有的在根瘤破裂以后进入土壤中越冬，细菌能在土壤中存活1年以上。病菌由嫁接伤口、虫害伤口侵入，经3个月表现出症状。土壤和病株的病菌通过雨水、灌溉及修剪扩散传播。6~8月是病害的高发期；土壤黏

重，排水不良的果园发病较重。

【防治措施】

1）选择疏松、排水良好的微酸性沙壤土建园，避免在老樱桃园及近5年内栽植过桃、李、杏的园内栽植大樱桃。

2）选用抗病力较强的中国樱桃及山樱桃、吉塞拉作为砧木。

3）定植后的树体发现病瘤时，用快刀切除病瘤，然后病株周围的土壤用84%抗菌剂402乳油1400倍液，或用1000~2000mg/kg的链霉素或土霉素液浇灌病株，或用新植霉素4400倍液灌根杀菌。药液用量为540~1400mL/株，视植株大小而定。每10天1次，可灌2~3次。

4）地下害虫为害根部造成的伤口，会增加发病，因此，及时防治地下害虫，可减轻发病。

> 【提示】 选用无病苗木栽植，栽植前用根癌宁（K84）生物农药30倍液蘸根5min，对该病有预防效果。

3. 穿孔病

穿孔病主要分为细菌性穿孔病和真菌性穿孔病两种，主要为害叶片。

【发病症状】 发病初期在叶上近叶脉处产生浅褐色水渍状小斑点，病斑周围有水渍状黄色晕环。最后病健交界处产生裂纹，而形成穿孔，孔的边缘不整齐（彩图11）。

【病原】 病原为黄色单胞菌属甘蓝黑腐黄单胞菌。

【发病特点】 病菌以菌丝体在病叶、病枝梢组织内越冬，扣膜升温展叶后侵染叶片及枝梢和果实。此后，病部多次产生分生孢子，进行再侵染，一般8~9月为发病高峰期。低温多湿有利于病害的发生和流行。

【防治措施】

1）冬季结合修剪，改善通风透光条件，并彻底清除枯枝落叶及落果，减少越冬菌源。

2）撤膜后雨季要注意排水。

3）扣膜发芽前，喷施一次4~5波美度的石硫合剂。

4）发芽前喷 5 波美度石硫合剂或 45% 晶体石硫合剂 30 倍液或 1：1：100 倍式波尔多液，发芽后喷 72% 农用链霉素可溶性粉剂 3000 倍液或硫酸链霉素 4000 倍液或机油乳剂：代森锰锌：水 = 10：1：500，除对穿孔病有效外，还可防治蚜虫、介壳虫、叶螨等。

> ➡ **【提示】** 细菌性穿孔病和真菌性穿孔病的区别：细菌性穿孔病发病初期，叶片背面呈水渍状，多角形；叶片正面病斑呈多角形或不规则形，进一步发展为叶片病斑脱落，形成穿孔，严重时穿孔连片，形成大的缺刻或孔洞。真菌性穿孔病发病初期叶片上的病斑近圆形，呈褐色，病斑落后形成近圆形穿孔；真菌性穿孔病病斑较细菌性穿孔病病斑偏大。所以，只有分清了他们的区别才能在用药上做到有的放矢。

4. 流胶病

流胶病是大樱桃的一种综合性病害，发生极为普遍，发病原因复杂，很难彻底根治。

【发病症状】 该病多发生于主干和主枝处（彩图 12）。初发期感病部位略膨胀，逐渐溢出柔软、半透明的胶质，湿度越大发病越严重，胶质逐渐呈"果冻"状，几乎透明，失水后呈黄褐色，干燥时变为黑褐色，表面凝固。严重时树皮开裂，其内充满胶质，皮层坏死，营养供给受到影响，导致生长衰弱，叶色变黄。

【病原】 病原为葡萄座腔菌，属子囊菌门真菌。该菌为弱寄生菌，具有潜伏侵染的特性。

【发病特点】 该病在北方每年 6～8 月为发病高峰期。发病原因一是由于枝干病害（腐烂病、干腐病、穿孔病等）、虫害（天牛、吉丁虫等）、机械损伤和修剪过度造成伤口引起流胶；二是由于冻害或日灼使部分树皮死亡引起流胶；三是由于土壤黏重，水分过多排水不良或施肥不当等诱发流胶病。

【防治措施】 应针对发病原因加以防治。

1）根据大樱桃生长的适宜条件，选择沙质壤土和壤土栽培。平衡施肥，合理灌溉，及时排水，增加土壤肥力，增强树势，提高抗病能力。

第五章　大樱桃病虫害及缺素症的防治

2）修剪时一次性疏枝不可过多，对大枝多采用拉枝、缓放，少疏除的办法，对剪锯口及时进行处理，减少剪、锯口受伤面积，避免流胶或干裂，削弱树势。对于非疏不可的，要分批分次逐步疏除。

3）及时清园，树盘内结合撒施杀菌剂进行深翻，杀死并抑制病菌再次传播。

4）在冬、春季节对主干、大枝涂白。

5）扣膜萌芽前，喷洒 5 波美度石硫合剂 + 80% 五氯酚钠 200 ~ 300 倍液，可杀灭越冬病菌。冬季清园时，进行刮胶和除掉腐烂树皮，用 5 波美度石硫合剂、腐必清或 843 康复剂连续涂抹病斑 3 ~ 5 次，防效可达 70% 以上。

另外，在病斑上包上黏黄泥也有一定防治效果。

> ⚠ 【注意】 在生产实际中防治该病应以农业防治与人工防治为主，化学防治为辅，化学防治主要控制分生孢子的飞散及分生孢子侵入发病的两个高峰期。

5. 腐烂病

大樱桃腐烂病在我国大部分大樱桃种植区均有发生，是大樱桃树上危害性很重的一种主干和枝干病害。

【发病症状】 该病主要为害主干和枝干，造成树皮腐烂，致使枝枯树死。发病初期病部皮层稍肿起，略带紫红色并出现流胶（彩图 13），最后皮层变褐色枯死，有酒糟味，表面产生黑色突起小粒点。

【病原】 病原为裂褶菌，属担子菌门真菌。

【发病特点】 病菌以菌丝体、子囊壳及分生孢子器在树干病组织中越冬，第二年 3 ~ 4 月产生分生孢子，借风和昆虫传播，自伤口及皮孔侵入。病斑多发生在近地面的主干上，早春至晚秋都可发生，尤以 4 ~ 6 月发病最盛，高温的 7 ~ 8 月受到抑制，11 月后停止发展。施肥不当及秋雨多，树体抗寒力降低，易引起发病。

【防治措施】

1）适当疏花、疏果，增施有机肥，及时防治造成早期落叶的病虫害。

2）在大樱桃扣膜发芽前刮去翘起的树皮及坏死的组织，然后向病部喷施 40%福美胂可湿性粉剂 300 倍液。

3）生长期发现病斑，可刮去病部，涂抹 40%福美胂可湿性粉剂 50 倍液，或 50%多菌灵可湿性粉剂 50～100 倍液，或 70%百菌清可湿性粉剂 50～100 倍液，间隔 7～10 天再涂 1 次，防效较好。

> ◐ 【提示】 每年春季用清腐安 50～100 倍液或 38%噁霜菌酯 1200 倍液喷施主干和枝干 1 次，可有效防止腐烂病的发生。

6. 干腐病

干腐病多发生在主干、主枝上。

【发病症状】 发病初期，病斑呈暗褐色，不规则形，病皮坚硬，常溢出茶褐色黏液，后病部干缩凹陷，周缘开裂，表面密生小黑点，可烂到木质部，枝干干缩枯死（彩图 14）。

【病原】 病原为裂褶菌，属担子菌门真菌。

【发病特点】 病菌以菌丝体在受害木质部潜伏越冬，扣膜后气温上升至 7～9℃时继续向健部蔓延活动，16～24℃时扩展比较迅速，当年夏、秋季散布分生孢子，自各种伤口侵染为害。伤口多而衰弱的树发病较重。

【防治措施】

1）加强树体保护，减少和避免机械伤口、冻伤和虫伤。

2）经常检查树体，发现病菌子实体后要连同树皮刮除，刮除树皮后要涂抹波尔多液、煤焦油或 1%硫酸铜液。

> ◐ 【提示】 发芽前用溃腐灵 300 倍液 + 有机硅喷施主干和枝干 1 次，可有效铲除潜伏侵染病菌，预防干腐病的发生。

7. 炭疽病

炭疽病是为害大樱桃的一种常见病害。

【发病症状】 主要为害叶片、果实（彩图 15）和枝梢。

1）叶片受害，病斑呈灰白色或灰绿色近圆形病斑，病斑周围呈暗紫色，后期病斑中部产生黑色小粒点，呈同心轮纹排列。

2）果实发病，常发生于硬核期前后，发病初出现暗绿色小斑点，病斑扩大后呈圆形、椭圆形凹陷，逐渐扩展至整个果面，使整个果变黑，收缩变形以致枯萎。天气潮湿时，在病斑上长出橘红色小粒点。

3）枝梢受害，病梢多向一侧弯曲，叶片萎蔫下垂，向正面纵卷成筒状。

【病原】　病原为黑盘孢，属半知菌门真菌。

【发病特点】　病菌主要以菌丝在病梢组织和树上僵果中越冬。第二年3月上、中旬至4月中、下旬，产生分生孢子，借风传播，侵染新梢和幼果。5月初至6月发生再侵染。

【防治措施】

1）结合冬季整枝修剪，彻底清除树上的枯枝、僵果、落果，集中烧毁，以减少越冬病源。

2）注意排水，改善通风透光条件，增施磷、钾肥，提高植株抗病能力。

3）扣膜萌芽期，喷施1∶1∶100倍式波尔多液或3~4波美度石硫合剂；落花后可选用70%甲基硫菌灵可湿性粉剂600~800倍液、50%多菌灵可湿性粉剂600倍液、80%代森锰锌可湿性粉剂600倍液、80%炭疽福美可湿性粉剂800倍液等药剂进行喷雾防治。间隔5~7天喷1次，连喷2~3次。

> ● 【提示】　中国农业大学在果实生长初期喷布无毒高脂膜，15天左右喷1次，连续喷5~6次，使果实和树叶免受炭疽病菌侵染的效果很好。

8. 褐腐病

褐腐病又称灰星病，是为害大樱桃的一种重要病害。

【发病症状】　主要为害花、叶和果。

1）花染病，花器于落花后变成浅褐色、枯萎，长时间挂在树上不掉落，表面生有灰白色粉状物。

2）叶片染病，多发生在展叶期的叶片上，初期在病部表面出现不明显褐斑，后扩及全叶，上生灰白色粉状物。

3）幼果染病，表面初现褐色病斑，后扩及全果，致果实收缩，成为畸形果，病部表面产生灰白色粉状物，即病菌分生孢子。病果多悬挂在树梢上，成为僵果（彩图16）。

【病原】 病原为樱桃核盘菌，属子囊菌门真菌。

【发病特点】 病菌主要以菌核在病果中越冬，也可以菌丝在病僵果中越冬。落花后湿度大易发病。树势衰弱，管理粗放，地势低洼，通风透光不好有利于发病。

【防治措施】

1）及时收集病叶和病果，集中烧毁或深埋。

2）改善通风透光条件，避免湿气滞留。

3）开花前或落花后，可用70%甲基硫菌灵可湿性粉剂1000倍液、50%多菌灵可湿性粉剂600~800倍液、50%腐霉利可湿性粉剂2000倍液、50%异菌脲可湿性粉剂1000~1500倍液、77%氢氧化铜可湿性微粒粉剂500倍液、80%代森锰锌可湿性粉剂500~600倍液等药剂均匀喷施。

> 【提示】 在覆膜期间，设施内地面覆盖地膜，并注意通风排湿，使空气相对湿度控制在80%以下，可有效抑制核盘菌分生孢子萌发，减少侵染。

9. 褐斑病

褐斑病主要为害叶片。

【发病症状】 发病初期在叶片形成针头大的紫色小斑点（彩图17），以后扩大，有的相互接合形成圆形褐色病斑，上生黑色小粒点。最后病斑干燥收缩，周缘产生离层。常由此脱落成褐色穿孔，边缘不明显，多提早落叶。

【病原】 病原为樱桃球腔菌，属子囊菌门真菌。

【发病特点】 该病菌在受害叶片上越冬。扣膜后温湿度适宜时，产生子囊和子囊孢子，借风或水滴传播侵染叶片。该病在揭膜前后或7~8月发病最重，可造成早期落叶，致使樱桃在8~9月间形成开花现象。树势弱、雨量多而频、地势低洼和排水不良时发病重。

【防治措施】 落花后至采果前，喷1~2次70%代森锰锌可湿性粉剂800倍液，或50%多菌灵可湿性粉剂800倍液；采果后，喷2~3次波尔多液。

⚠ **【注意】** 在幼果期喷施波尔多液易产生果锈。

10. 叶斑病

近年来，大樱桃叶斑病发生比较多，对大樱桃树的长势造成较大影响。

【发病症状】 主要为害叶片。受害叶片在叶脉间形成褐色或紫色近圆形的坏死病斑（彩图18），叶背产生粉红色霉，可使叶片大部分枯死造成落叶。有时叶柄和果实也能受害，产生褐色斑。

【病原】 该病是由一种真菌侵染而引发的病害。

【发病特点】 病菌在落叶上越冬，开花时，子囊孢子成熟而放射出来，随风传播，造成侵染。病菌侵入后，经1~2周的潜伏期即表现出症状，并产生分生孢子，以后孢子可以进行多次侵染。叶片一般5月开始发病，7~8月发病严重。

【防治措施】

1）对于常发生叶斑病的大樱桃园要加强综合管理，及时排水，增施有机肥料，增强树势，合理修剪，增强通透性。

2）冬季落叶后清理落叶深埋，发芽前喷布石硫合剂等，消灭越冬病源。

3）在落花后喷70%代森锰锌可湿性粉剂500倍液，或70%甲基硫菌灵超微可湿性粉剂800~1000倍液，7~10天喷药1次。也可在夜晚释放百菌清烟雾剂或在上午喷百菌清粉剂。

➡ **【提示】** 要注意药剂的交替使用，以免病菌产生抗药性。

11. 皱叶病

近年来，皱叶病严重危害了大樱桃的产量和品质。

【发病症状】 感病植株叶片形状不规则（彩图19），往往过度伸长、变狭，叶缘深裂，叶脉排列不规则，叶片皱缩，常常有浅绿与绿色相间的不均衡颜色，叶片薄、无光泽、叶脉凹陷，叶脉间有时过度生长。

【病原】 皱叶病为类病毒病害的一种。

【发病特点】 皱缩的叶片有时整个树冠都有，有时只在个别枝上出现，会明显抑制树体生长，使树冠发育不均衡。花畸形，产量明显下降。

【防治措施】

1）绝对避免用染毒的砧木和接穗来嫁接繁育苗木，防止嫁接传播病毒。因此，繁育大樱桃苗木时，应建立隔离的无病毒砧木圃、采穗圃和繁殖圃，以保证繁育出的苗木不带病毒。

2）不要用带病毒树上的花粉授粉，因为大樱桃有些病毒是通过花粉来传播的。

3）防治传播病毒的昆虫。

> ⚠️ 【注意】 防治的关键是消灭病毒源，切断传播路线。

12. 灰霉病

大樱桃灰霉病是近年来棚室大樱桃生产中发生较重的病害。

【发病症状】 灰霉病主要为害花、叶片、幼果及成熟果实。

首先为害花瓣，特别是即将脱落的花瓣，然后是叶片和幼果。受害部位首先表现为褐色油浸状斑点，以后扩大呈不规则大斑，其上逐渐着生灰色毛绒霉状物。为害幼果及成熟果时，果变褐色，后在病部表面密生灰色霉层，最后病果干缩脱落，并在表面形成黑色小菌核（彩图20）。

【病原】 病原为半知菌门葡萄孢属灰葡萄孢菌。

【发病特点】 病原以菌核及分生孢子在病果上越冬。该病在棚内发生的时期是在末花期至揭棚前，通过气流和水传播。棚内湿度过大、通风不良和光照不足易发病。在棚内湿度超过85%的情况下，即使其他条件都好，灰霉病也照常发生，由蔬菜改植大樱桃的棚室内更易发生此病。

【防治措施】

1）及时清除树上和地面的病果，集中深埋或烧毁。

2）减少枝量，使树体普见阳光。

3）要尽量降低棚室内湿度。

4）落花后及时喷70%代森锰锌600倍液，或50%多菌灵1000倍液，

或 50% 速克灵 2000 倍液，或 50% 扑海因 1000～1500 倍液，或 65% 抗霉威 1000～1500 倍液进行预防。

5）已发过病的棚室，在扣棚升温后用烟雾剂熏蒸大棚；未发病的棚室可在大樱桃末花期开始熏蒸，每亩大棚用 10% 速克灵烟雾剂 400g，在树的行间分 10 个点燃烧，封棚 2h 以上再通风，熏蒸 2～3 次即可。

> ● 【提示】 发病初期发现少量病果、病叶或病枝时，要及时摘除。操作时用塑料袋套住病体摘除或空手轻轻摘除后随手放入袋中，以避免病菌霉层即孢子残留棚室内，归集后带出棚室外。

13. 煤污病

煤污病主要为害叶片，是大樱桃覆膜期间易发生的病害。

【发病症状】 染病叶面初期出现污褐色圆形或不规则形的霉点，后形成煤灰状物（彩图 21），影响光合作用。

【发病特点】 以菌丝和分生孢子在病叶上或在土壤内及植物残体上越冬，借风雨、水滴、蚜虫和介壳虫等传播蔓延。树冠郁闭、通风透光条件差、湿度大的条件下易发病。

【防治措施】

1）植株种植不要过密，适当修剪，棚室要通风透光良好，以降低湿度，切忌环境湿闷。

2）植物休眠期喷 3～5 波美度的石硫合剂，可消灭越冬病源。

3）该病发生与分泌蜜露的昆虫关系密切，喷药防治蚜虫、介壳虫等是减少发病的主要措施。

【窍门】>>>>

> → 在喷洒杀虫剂时加入紫药水 10000 倍液防治效果较好。

14. 轮纹病

轮纹病主要为害叶片。

【发病症状】 初生褐色小斑，圆形至不规则形，后变茶褐色

（彩图22），上生黑色霉层，即病原菌分生孢子梗和分生孢子。

【病原】　病原为半知菌类樱桃链格孢菌，是一种弱寄生菌。

【发病特点】　病原主要以分生孢子在病叶等病残体上越冬，扣棚后气温回升，分生孢子传播进行初侵染，后在病斑上又产生分生孢子进行多次再侵染。病菌生长适温25℃左右，能够穿透寄主表皮侵入。缺少肥料，生长势衰弱，伤口多易发病；树冠茂密，通风透光较差发病重。

【防治措施】

1）加强果园综合管理，合理修剪，增施有机肥，以增强大樱桃树势，提高抗病力。

2）发病初期喷洒50%扑海因可湿性粉剂1000倍液、40%百菌清悬浮剂500倍液、70%代森锰锌可湿性粉剂500倍液或65%福美锌可湿性粉剂400倍液，10天喷1次，连续防治2~3次。

> 【提示】
> ① 喷雾要均匀不漏喷，叶片正反两面及枝干都要均匀喷到。
> ② 发病较重时，可添加渗透剂或内吸性化学药复配使用。

15. 白粉病

白粉病主要为害大樱桃叶及果实。

【发病症状】　夏季叶片感病（彩图23左），叶面上呈现白色粉状菌丛，秋季菌丛中呈现黑色小球状物，即病原菌的闭囊壳。果实感病（彩图23右），果面出现白色圆形粉状菌丛，病斑扩大至果面一半左右，后期果实表皮附近组织枯死，病斑变浅褐色，稍凹陷、硬化或龟裂。

【病原】　病原菌为三指叉丝单囊壳菌，与桃白粉病相同。

【发病特点】　病菌于10月以后形成黑色闭囊壳，以此越冬，扣膜升温后放出子囊孢子进行初侵染，形成分生孢子后进一步扩散蔓延。

【防治措施】

1）秋后清理果园，扫除落叶，集中烧毁。

2）在发芽前应喷1次3~5波美度石硫合剂，发芽后喷0.2~0.5波美度石硫合剂，或50%托布津500倍液，或70%甲基托布津

1000 倍液，或 25% 三唑酮可湿性粉剂 1000 倍液进行预防。

3）发病期喷洒 0.3 波美度石硫合剂或 25% 三唑酮 3000 倍液、70% 甲基硫菌灵可湿性粉剂 1500 倍液 1~2 次。

> 〇 【提示】 白粉菌对硫黄特别敏感，因此石硫合剂等含硫制剂是防治白粉病的特效药剂。

16. 病毒病

樱桃病毒病是樱桃的主要危害之一。

【发病症状】 大樱桃病毒症状常因毒原不同表现多种症状。叶片出现花叶、斑驳、扭曲、卷叶、丛生，主枝或整株死亡，坐果少、果子小，成果期参差不齐等，一般减产 20%~30%。

【病原】 重要的毒原有樱桃叶斑驳病毒、苹果褪绿叶斑病毒、樱桃锉叶病毒、樱桃扭叶毒、樱桃小果病毒、核果坏死环斑病毒、樱桃锈斑驳病毒等。

【发病特点】 毒原常在树体上存在，具有前期潜伏及潜伏侵染的特性，常混合侵染。靠蚜虫、叶蝉、线虫、花粉、种子传毒，此外嫁接也可传毒。

【防治措施】

1）建园时要选用无毒苗。

2）选用抗性强的品种和砧木。

3）发现蚜虫、叶蝉为害时及时喷药防治，以减少传毒。

4）病情严重的樱桃树，可在萌芽时期进行病毒Ⅱ号 450 倍液灌根，主要灌毛细根区，每株浇灌药液 25~30kg 水左右。

> ⚠ 【注意】 棚室大樱桃发芽期易受到气候的影响，低温和高温都会对树体造成伤害，为病毒感染创造机会。建议在气温低于6℃以下时，要在药液中加入防冷冻素 500 倍和 0.3% 红糖（先用少量水化开），喷洒全树，以预防低温授粉不良或冻害造成花芽受损；花期遇到温度超过23℃的高温时，要用有机硅钙素 500 倍，加 0.3% 食用醋混合均匀喷洒全树防止热害，保证花粉正常授粉。

第三节　大樱桃的主要虫害及其防治

1. 果蝇

大樱桃果蝇是近年来发现的为害大樱桃果实的一种重要蛀果类害虫，严重影响了果实商品质量和经济效益。

【形态特征】　成虫（彩图24左）浅褐色或黑色，体型较小，身长3~4mm，触角很短；幼虫（彩图24右）白色，是头尖尾钝的蛆，卵黄白色或浅白色。

【为害特点】　果蝇主要为害大樱桃果实，成虫将卵产在大樱桃果皮下，卵孵化后，幼虫先在果实表层为害，然后向果心蛀食，随着幼虫的蛀食为害，果肉逐渐软化、变褐、腐烂。一般幼虫在果实内5~6天便发育成老熟幼虫，然后咬破果皮脱果，脱果孔直径约为1mm。1粒果实上往往有多只果蝇为害，幼虫脱果后果皮上留有多个虫眼。

果蝇对大樱桃的为害程度因果实成熟度、果肉硬度及果实颜色不同而有差异。果实成熟度越高，果肉越软，为害越严重。成熟期相同的品种，果肉硬的品种受害率明显低于果肉软的品种。果实颜色不同受害率不同，橙色（黄红色）品种如那翁、巨红等受害最重，红色品种如红灯等受害次之。

【为害规律】　大樱桃果蝇全年活动时间长达8个多月，2月下旬开始出现第一代成虫，数量逐渐增多，6月中旬左右成虫数量达到最高峰，随着大樱桃果实采摘结束和大樱桃果味消失，果蝇成虫向其他树种成熟果实转移，大樱桃园果蝇数量逐渐减少，到9月中旬樱桃园无果蝇成虫活动。

【防治措施】

1）改善果园通风透光条件，均衡营养供给，满足大樱桃树对水、肥、光的需求，提高树势，促进果实健壮生长，切实增强其抗虫能力。

2）针对果蝇的趋化性，利用糖醋液诱杀成虫。

3）使用性诱剂，每亩大樱桃园挂15~20个，可有效杀灭果蝇雄虫，干扰雌雄交配，降低虫口基数。

第五章　大樱桃病虫害及缺素症的防治

4）樱桃果实膨大着色期，及时清除果园内外的杂草和垃圾；果实成熟时及时采收，成熟后尽快清出裂果、病虫果及残次果；采收后，应及时清除果园中的落果、烂果，集中深埋处理。

5）秋末冬初深翻园地，消灭在果园土壤中越冬的果蝇蛹。根据果蝇成虫多在草丛、靠近地面、弱光处和树上背光处活动的习性，提倡大樱桃园以清耕为主。

6）化学防治的重点部位应以成虫集中活动的树冠内膛为主。

① 一般 5 月中旬左右在大樱桃园地面全面喷洒 40% 毒死蜱乳油或 50% 辛硫磷乳油 400 倍液，杀灭脱果幼虫或出土成虫，间隔 15 天喷 1 次，共喷 2～3 次。

② 在大樱桃果实膨大着色至成熟前，选用 1.82% 胺·氯菊酯烟剂，按 1:1 兑水，用烟雾机顺风对地面喷烟，熏杀成虫。

【窍门】>>>>

每次喷药时，药液中再加入 3% 的糖醋液，防治效果会更好。

2. 红蜘蛛

红蜘蛛别名山楂红蜘蛛、山楂叶螨。

【形态特征】 成螨有冬、夏型之分，冬型体长 0.4～0.6mm，朱红色有光泽（彩图 25）；夏型体长 0.5～0.7mm，紫红或褐色，体背后半部两侧各有一大黑斑，足浅黄色，体卵圆形，前端稍宽且隆起，体背刚毛细长。雄体长 0.3～0.45mm，纺锤形，第三对足基部最宽，末端稍尖，第一对足较长，体浅黄绿至浅橙黄色，体背两侧各具一黑绿色斑；卵球形，浅黄白至橙黄色；幼螨体圆形，黄白色，取食后卵圆形、浅绿色，体背两侧出现深绿色长斑；若螨浅绿至浅橙黄色，体背出现刚毛，两侧有深绿色斑纹，后期与成螨相似。

【为害特点】 以成、若、幼螨刺吸芽、叶、果的汁液为害，叶受害初呈现许多失绿小斑点，渐扩大连片，严重时全叶苍白枯焦早落，造成第二次发芽开花，削弱树势，影响花芽形成及来年产量。

【为害规律】 北方年发生 5～13 代，均以受精雌螨在树体缝隙内及干基附近土缝内群集越冬。扣棚后平均气温达 9～10℃，花芽开绽之际出蛰上芽为害，红蜘蛛出蛰比较集中，约 80% 的个体集中在 10～20 天内出蛰，初花至盛花期为产卵盛期，卵期 7 天左右，越冬雌螨产卵后陆续死亡。

【防治措施】

1）发芽前刮除枝干老翘皮，集中烧毁，以消灭越冬螨源。

2）发芽期喷布 3～5 波美度石硫合剂或 5% 的柴油乳剂；出蛰盛期喷洒 0.3～0.5 波美度石硫合剂；大樱桃谢花后 1～2 周，幼、若螨活动期喷布 20% 哒螨灵 1000～1500 倍液、苦蒿素 0.65% 水剂 450～700 倍液、1% 阿维菌素 4000 倍液、10% 浏阳霉素乳油 1000 倍液预防。

⚠️ 【注意】 要注意不同药剂的交替使用，从而避免或延缓害螨产生抗药性。

3. 二斑叶螨

二斑叶螨又名二点叶螨、白蜘蛛等，主要为害叶片。

【形态特征】 成螨呈菱形，雌成螨为椭圆形，长 0.3～0.5mm，灰白色，体背两侧各有 1 个褐色斑块。卵圆球形，直径约 0.1mm，初期为白色，逐渐变为浅黄色，孵化前出现 2 个暗红色眼点。幼螨半球形，黄白色；若螨体椭圆形，黄绿色，体背显现褐斑。

【为害特点】 二斑叶螨以成螨和若螨刺吸嫩芽、叶片汁液为害，喜群集叶背主叶脉附近，并吐丝结网于网下为害，受害叶片出现失绿斑点，严重时叶片灰黄脱落。

【为害规律】 1 年发生 8～10 代，世代重叠现象明显。以雌成螨在土缝、枯枝、翘皮，落叶中或杂草宿根、叶腋间越冬。扣膜后日平均温度达 10℃ 时开始出蛰，温度达 20℃ 以上时，繁殖速度加快，达 27℃ 以上时，干旱少雨条件下发生为害猖獗。二斑叶螨为害期是在采果前后，8 月发生为害严重。

【防治措施】

1）清除枯枝落叶和杂草，集中烧毁，结合秋季树盘松土和灌溉消灭越冬雌虫，压低越冬基数。

2）发生期用 1.8% 阿维菌素乳油 4000 倍液，或 15% 阿维·辛硫磷乳油 1000 倍液防治。喷药时必须将药液均匀喷到叶背、叶面及枝

干上。发生严重时，可间隔5~7天连续防治2~3次。

> ⚠️ 【注意】 喷药时应兼顾果园内的杂草，消灭防治死角，充分考虑到保护天敌和延缓抗性产生，尽量避开主要天敌的大量发生期。

4. 梨小食心虫

梨小食心虫又名折梢虫，简称梨小，主要为害嫩梢。

【形态特征】 成虫体长4~6mm，灰褐色。卵圆形至椭圆形，中央稍隆起，直径约0.8mm，初产时为乳白色，半透明，以后变为浅黄色，孵化前可见到幼虫灰褐色的头部。低龄幼虫白色，随虫龄的增大，虫体稍呈粉红色（彩图26），老熟幼虫体长10~13mm，浅红色。蛹黄褐色，长6.8~7.4mm。

【为害特点】 在大樱桃上主要以幼虫从新梢顶端2~3片嫩叶的叶柄基部蛀入为害，并往下蛀食，新梢逐渐萎蔫，蛀孔外有虫粪排出，并常流胶，随后新梢干枯下垂。

【为害规律】 1年发生3~4代，以老熟幼虫在树皮缝内和其他隐蔽场所做茧越冬。早春4月中旬越冬幼虫开始化蛹，5月中下旬第一代幼虫开始为害。为害大樱桃的是第二、第三代幼虫，出现在7月上旬至9月上旬，为严重为害期。尤其是苗圃发生危害较重，雨水多、湿度大的年份有利成虫产卵，为害加重。

【防治措施】

1）早春发芽前刮除粗翘皮，集中烧毁；8月在主干上绑草束，诱集越冬幼虫，于冬季取下烧毁。春夏季及时剪除被蛀虫梢烧毁。

2）利用性诱剂诱杀成虫，每亩挂性诱剂3~5个，40天左右换1次。性诱剂悬挂高度1.5m，可用大口塑料杯，杯口越大诱虫量越多，杯里加水，水面至杯口的距离2cm，水内放少量洗衣粉，诱芯距水面的距离为0.5m。杯内水分蒸发后应随时加水。

3）如性诱捕器捕捉的成虫大量增加，证明羽化高峰期到来，至诱捕数大量减少时证明高峰期已过，一般羽化高峰期3~4天，喷药应在羽化高峰期进行。首剂可用48%乐斯本和毒死蜱1500倍液或菊酯类农药。羽化高峰期过后，7天左右为幼虫孵化高峰期，是消灭幼

虫的关键时期，可用 25% 灭幼脲Ⅲ号 1000 倍液或 20% 杀铃脲 1500
倍液，2.5% 三氟氯氰菊酯 2500 倍液，4.5% 高效氯氰菊酯 1500 倍
防治。

> ◯ **【提示】** 化学防治消灭成虫应在羽化高峰期进行，消灭幼
> 虫应在成虫羽化高峰期过后 7 天左右进行。

5. 桑白介壳虫

桑白介壳虫又名桑盾蚧、树虱子，主要为害枝干。

【形态特征】 雌成虫介壳灰白色，扁圆形，直径约 2mm，背隆
起，壳点黄褐色，位于介壳中央偏侧，壳下虫体枯黄色，扁椭圆形，
无翅。雄成虫介壳细长，直径约 1mm，灰白色，壳点在前端，羽化
后虫体枯黄色，有翅可飞，前翅膜质，眼黑色。卵椭圆形，橘红色，
长径约 0.3mm。初孵若虫体扁卵圆形，长约 0.3mm，浅黄褐色，能
爬行，蜕皮后的 2 龄若虫，开始分泌介壳，雄虫蜕皮时其壳似白粉
层（彩图 27）。

【为害特点】 多以雌成虫、若虫刺吸枝干、叶、果实的汁液为
害，造成树势衰弱，降低产量和品质，严重时枝条干枯死亡，一旦
发生而又不采取有效措施防治，则会在 3 ~ 5 年内造成毁园。

【为害规律】 1 年发生 2 ~ 3 代，以受精雌成虫在枝条上越冬。
第二年 4 月中旬至 5 月上旬产卵于介壳中，雌虫产卵后即干缩死亡，
卵经 7 ~ 15 天孵化，从壳中爬出若虫，分散到枝条上为害，经过 8 ~
10 天后虫体上覆盖白色蜡粉，逐渐形成介壳。雄虫在 6 月成虫羽化，
与雌虫交尾后很快死去，雌虫即产卵再产生若虫。在河北秦皇岛 1 ~
3 代若虫分别出现在 5 月、7 ~ 8 月和 9 月，最后一代雌成虫交尾受精
后越冬。

【防治措施】

1）大樱桃树休眠期用硬毛刷刷掉枝条上的越冬雌虫，剪除并烧
掉受害严重的枝条。

2）冬季喷洒 5% 的柴油乳剂，芽膨大期喷布 45% 石硫合剂
30 倍液或含油量 4% ~ 5% 的矿物油乳剂。

3）在若虫分散转移期分泌蜡介壳之前，可用 25% 可湿性粉剂灭

幼酮 1500 倍液、20% 灭扫利乳油 4000 倍液等药剂防治。

【窍门】>>>>

　　药剂中混入 0.1%～0.2% 的洗衣粉或含油量 0.3%～0.5% 柴油乳剂对已开始分泌蜡粉介壳的若虫有增强杀伤效果的作用。

6. 白粉虱

棚室白粉虱俗称小白蛾。

【形态特征】　成虫（彩图 28）体长 1～1.4mm，浅黄色到白色，表面覆有白色蜡粉，雌、雄虫均有翅，翅雪白色。

若虫椭圆形，扁平，浅黄色或浅绿色，体表具长短不齐的蜡质丝状突起。越冬主要在绿色植物上，少数可在残株落叶上越冬。华北地区一年发生 9 代，其中棚室内发生 3 代，露地发生 6 代。

在 7～9 月间为害严重，10 月下旬数量逐渐减少，并向棚室转移。

【为害特点】　棚室白粉虱的成虫和若虫群集于叶背，刺吸汁液，使叶片生长受阻变黄，影响正常生长发育。此外，还能分泌大量排泄物，堆积于叶片和果实上。严重时，影响叶片光合作用和呼吸作用，造成叶片萎蔫，甚至枯死。棚室白粉虱还能传染病毒病。

【为害规律】　白粉虱 1 年可发生 10 余代，在 24℃ 左右的温度下，一般 25 天完成 1 代。成虫羽化后，次日即能交配。每一雌虫能在嫩叶上产 140～150 粒卵，受精卵发育成雌虫，未受精卵发育成雄虫。

【防治措施】

1）严格检查棚室，发现白粉虱应彻底消灭，以减少第二年的虫源。果实采收后应把带虫的残枝落叶集中烧毁。

2）棚室的通风窗和入口应用窗纱封闭，防止害虫外逃传播。

3）利用成虫趋黄色的特性，在棚室间插上黄板，以黏杀成虫。

4）在成虫发生盛期或幼虫大量孵化时，可选用 40% 氧化乐果乳油、50% 马拉硫磷乳剂、50% 杀螟松乳、25% 亚胺硫磷乳油 1000 倍液、90% 敌百虫 500～1000 倍液；80% 敌敌畏 1500 倍液、25% 喹硫磷乳油 1000 倍液、20% 双甲脒（螨克）乳油 1500 倍液、25% 扑虱灵粉剂 2000～3000 倍液。近年来有报道，在卵孵化盛期喷 2～3 次，2.5% 敌杀死乳油兑水 5000 倍，防治效果最好。

【窍门】>>>>

使用小型吸尘器，成虫期连续吸几次，也可以控制白粉虱造成的危害。

7. 天牛

为害大樱桃的天牛类主要是红颈天牛。

【形态特征】 成虫（彩图 29 左）体长 28～37mm，黑色有光泽，前胸背部棕红色。触角鞭状，共 11 节。卵长椭圆形，长 3～4mm。老熟幼虫（彩图 29 右）体长 50mm，黄白色，头小，腹部大，足退化。蛹体长 36mm，荧白色的为裸蛹。

【为害特点】 幼虫蛀食枝干，先在皮层下纵横串食，然后蛀入木质部，深入树干中心，蛀孔外堆积木屑状虫粪，引起流胶，严重时造成大枝以至整株死亡。

【为害规律】 2～3 年发生 1 代。以幼虫在树干隧道内越冬，扣膜树液流动后越冬幼虫开始为害。4～6 月老熟幼虫在木质部以分泌物黏结粪便和木屑作茧化蛹。6～7 月化为成虫，钻出交尾，产卵在树干和粗枝皮缝中，产卵后 10 天卵孵化为幼虫，蛀入皮层内。

【防治措施】

1）选择黏性好的黄泥加水拌成泥浆，再加入敌敌畏、氧化乐果等农药，拌匀后均匀涂刷在 2m 以下树干至基部，可有效阻断天牛咬伤树皮产卵，并能抑制已产卵的幼虫孵化。涂刷时间以 7 月中旬为宜。

2）成虫发生期（6 月下旬至 7 月中旬）中午多静伏在树干上，可进行人工捕杀。在 6 月上中旬成虫孵化前，在枝上喷抹涂白剂以防成虫产卵。

3）在幼虫为害期，当发现有鲜粪排出蛀孔时，用小棉球浸泡在80% 敌敌畏乳剂 200 倍液或 50% 辛硫磷 100 倍液中，而后用尖头镊子夹出堵塞在蛀孔中，再用调好的黄泥封口（由于药剂有熏蒸作用，可以把孔内的幼虫杀死）。

> ⮞ 【提示】 近些年来使用药剂防治，多地均证明用40%氧化乐果乳剂300～500倍液喷洒，有良好的防治效果。

8. 吉丁虫

以幼虫在枝干皮层蛀食，故又名潜皮虫、粗皮虫。

【形态特征】 成虫（彩图30左）体长11～23mm，触角锯齿状，鞘翅褐色，每一鞘翅上有明显纵线4条，黄色斑点5～6个，以5个者居多，两个鞘翅上共有10个斑点。卵呈圆形，长约1.5mm，宽约0.8mm，初产时为浅黄色，后变为深灰色。幼虫（彩图30右）体长17～21mm；头黄色扁平，口器黑褐色；前胸背板黄褐色，约为腹部中间体节宽度的两倍，其点状突起区略呈扁圆形，中央有一近似倒"V"字形纹。蛹长11～19mm，浅黄色。

【为害特点】 成虫咬食叶片造成缺刻，幼虫蛀食枝干皮层，受害处有流胶，危害严重时树皮爆裂，故名"爆皮虫"，甚至造成整株枯死。

【为害规律】 1年发生1代。以幼虫在皮层内越冬，扣膜树液流动后继续蛀害皮层。5月中下旬，老熟幼虫先在受害处咬一圆形羽化孔，然后用木屑、粪便等黏成茧，在茧内化蛹，6～7月羽化成虫，白天活动、交尾，成虫多在粗皮裂缝、伤口处产卵，孵化后的幼虫蛀入皮层为害。

【防治措施】

1）结合冬剪，彻底清除死树死枝，集中烧毁，消灭越冬幼虫。

2）在主干见到有虫粪排出和赤褐色汁液外流时，人工挖除幼虫，或者在发芽前用50%敌敌畏乳剂10倍液涂虫疤，可杀死当年蛀入的皮下幼虫。在成虫羽化期喷80%敌敌畏乳剂800～1000倍液，喷2次，间隔15天喷1次，可消灭成虫和初孵化出的幼虫。

🖋【窍门】>>>>

> ➙ 成虫发生期，于早晨人工振树捕捉成虫，可减少幼虫发生量。

9. 舟形毛虫

舟形毛虫主要为害叶片，严重时可吃光叶片。

【形态特征】　成虫体长 25mm 左右，翅展约 25mm，体黄白色，近基部中央有银灰色和褐色各半的斑纹。后翅浅黄色，外缘杂有黑褐色斑；卵圆球形，直径约 1mm，初产时浅绿色，近孵化时变灰色或黄白色。卵粒排列整齐而成块；幼龄虫（彩图 31）静止时，头尾两端翘起，外观如舟，故称舟形毛虫。老熟幼虫体长 45 ~ 55mm，头黑色，背面紫褐色，腹面紫红色，各体节有黄白色的长毛丛；蛹体长 20 ~ 23mm，暗红褐色，蛹体密布刻点。

【为害特点】　以幼龄虫群集叶面啃食叶肉，残留叶脉和下表皮为害，受害叶呈网状，幼虫稍大则将叶片啃食成缺刻，以至全叶被食仅留叶柄，常造成全树叶片被食光，严重影响树势及来年产量。

【为害规律】　每年发生 1 代。以蛹在土中越冬，第二年 7 ~ 8 月羽化出成虫，7 月中旬为羽化盛期。成虫趋光性强，交尾后产卵，多产在叶背面，雌蛾产卵 1 ~ 3 块，约 500 粒，卵期 7 ~ 8 天，3 龄前幼虫群集在叶背为害，若遇振动，则成群吐丝下垂。3 龄以后逐渐分散，食量大增。9 月老熟幼虫爬下树干，入土化蛹越冬。

【防治措施】

1）冬季结合树穴深翻松土挖蛹，集中收集处理，减少虫源。

2）灯光诱杀成虫。因成虫具强烈的趋光性，可在 7、8 月成虫羽化期设置诱虫灯诱杀成虫。

3）利用初孵幼虫的群集性和受惊吐丝下垂的习性，在少量树木且虫量不多时，可摘除虫叶、虫枝和振动树冠杀死落地幼虫。

4）低龄幼虫期喷 1000 倍 20% 灭幼脲悬浮剂。虫量大可喷 500 ~ 1000 倍的每毫升含孢子 100 亿个以上的 Bt 乳剂杀灭较高龄幼虫。虫量过大，必要时可喷 80% 敌敌畏乳油 1000 倍液或 90% 敌百虫晶体 1500 倍液或 20% 菊酯乳油 2000 倍液均有效。

【提示】　8 月下旬至 9 月中旬是舟形毛虫的幼虫时期，也是防治舟形毛虫的关键时期，一定要抓住这一时期，做好防治工作。

10. 金龟子

金龟子种类很多，主要有铜绿金龟子和黑绒金龟子两种。

【形态特征】　铜绿金龟子（彩图 32）体型较大，背部深绿色，有光泽。黑绒金龟子体型最小，全身被黑色密绒毛。

【为害特点】　黑绒金龟子主要为害苗圃幼苗。铜绿金龟子主要为害叶片，受害叶片出现破洞、缺刻，严重时被吃光，花受害后，花瓣，雄、雌蕊和子房全被食光。

【为害规律】　两种金龟子都是 1 年发生 1 代，幼虫在土中活动，成虫出土为害时间不同。黑绒金龟子在 4 月下旬至 5 月上旬出土为害，成虫有假死性；铜绿金龟子在 6 月中旬出土为害，杂食性，成虫有假死性，对黑光灯等光源有强烈的趋光性。

【防治措施】

1）利用成虫的假死性，早、晚振落成虫捕杀。

2）10% 的辛硫磷颗粒剂，每亩用 23kg 撒施；或 50% 辛硫磷乳油每亩 0.5kg，稀释 500 倍液均匀喷洒地面或兑 30kg 细土拌匀撒在树冠下，施用药后，及时浅耙，以防光解，杀死潜土成虫。

3）为害期喷洒 20% 甲氰菊酯乳油 1000～1500 倍液、0.5 绿保威乳油 1000～2000 倍液、0.2% 苦皮藤素乳油 2000 倍液、灭蚜松 50% 可湿性粉剂 1000～1500 倍液。

⚠️ 【注意】　金龟子及其幼虫因其种类多、活动规律不一、潜伏期长等特点，活动场所隐蔽，单一防治的方法很难奏效，因此必须开展以物理防治措施、生物防治措施、化学防治措施等多种方法进行综合治理才能取得良好效果。

11. 潜叶蛾

潜叶蛾又名桃线潜蛾，简称桃潜蛾，主要为害叶片。

【形态特征】　成虫（彩图 33 左）体长仅有 2mm，翅展 5.3mm左右，触角丝状，体翅全部白色。前翅尖叶形，有较长的缘毛，基部有黑色纵纹 2 条，中部有 "Y" 字形黑纹，近端部有一明显黑点；后翅针叶形，缘毛极长。足银白色，各足胫节末端有 1 个大型距；跗节 5 节，第一节最长；卵扁圆形，长 0.3～0.4mm，白色，透明；

幼虫（彩图33右）体扁平，纺锤形，黄绿色；头部尖；足退化；腹部末端尖细，具有1对细长的尾状物；蛹扁平，纺锤形，长3mm左右，初为浅黄色，后变深褐色。

【为害特点】 以幼虫潜入叶片内取食叶肉为害，使叶片留下宽约1mm的条状弯曲的虫道，粪便排在虫道的后边，一片叶可有数只幼虫，但虫道不交叉，严重时叶片破碎，干枯脱落。

【为害规律】 发生代数各地不一，一般为5~7代，以蛹在受害叶上结茧内越冬。展叶后开始羽化，卵散产于叶表皮内。幼虫孵化后即蛀入叶肉为害，幼虫老熟后咬破表皮爬出，吐丝下垂在下部叶片背面做茧，幼虫在茧内化蛹。潜叶蛾在棚室罩膜期间很少发生，揭膜后8~9月下旬发生较重。完成1代需23~30天。幼虫喜欢为害嫩叶，以梢顶端4~5片叶受害较重，多则一片叶上有3~5只幼虫，大发生时，秋梢上的叶片几乎全部受害，使叶片破裂脱落。

【防治措施】

1）结合冬季修剪，剪除受害枝叶并烧毁。

2）成虫羽化期和低龄幼虫期是防治适期，防治成虫可在傍晚进行；防治幼虫，宜在晴天午后用药。可喷施10%二氯苯醚菊酯2000~3000倍液，或2.5%溴氰菊酯2500倍液，或25%杀虫双水剂500倍液（杀虫和杀卵效果均好），或25%两维因可湿性粉剂500~1000倍液，或5%吡虫啉乳油1500倍液。每隔7~10天喷1次，连续喷3~4次。

【窍门】>>>>

> 成虫羽化期和低龄幼虫期是防治适期，防治成虫可在傍晚进行；防治幼虫，宜在晴天午后用药。

12. 大青叶蝉

大青叶蝉又名跳蝉、大绿叶蝉、大绿浮尘子，主要为害枝条。

【形态特征】 成虫（彩图34）体长7~10mm，体背青绿色略带粉白，后翅膜质灰黑色。若虫由灰白色变为黄绿色。

【为害特点】 幼虫叮吸枝叶的汁液，引起叶色变黄，提早落叶，削弱树势。成虫产卵在枝条树皮内，造成枝干损伤，水分蒸发量增加，影响安全越冬，引起抽条或冻害。

【为害规律】 每年发生 3 代，以卵块在枝干树皮下越冬。第二年早春孵化，第一二代为害杂草或其他农作物，第三代在 9～10 月为害大樱桃，产卵时，产卵器划破树皮，造成月牙形伤口，产卵 7～8 粒，排列整齐，形成枝条伤痕累累。成虫趋光性极强。

【防治措施】

1）利用成虫趋光性，设置星光灯诱杀成虫。

2）喷 80% 敌敌畏乳剂 1000 倍液或 20% 氰戊菊酯 1500～2000 倍液，可杀死若虫和成虫。

⚠️ 【注意】 防治大青叶蝉的重要时期为 9～10 月。

13. 绿盲蝽

绿盲蝽又称绿椿象、小臭虫、臭大姐，属杂食性害虫，主要为害嫩梢、嫩叶和果实。

【形态特征】 成虫（彩图 35）体长 5mm，绿色，头呈三角形，黄褐色。卵口袋状，长约 1mm，黄绿色。若虫绿色，体形与成虫相似，3 龄若虫出现翅芽。

【为害特点】 以成虫和若虫刺吸嫩梢、嫩叶和幼果的汁液为害。受害处初出现褐色小斑点，随叶片生长，褐色斑点处破裂，轻则穿孔，重则呈破碎状。绿盲蝽为害叶片状易与细菌性穿孔病症状混淆。幼果受害后，形成小黑点，随果实增大，出现不规则的锈斑，严重时呈畸形生长。为害后的果实常有臭味，影响食用。

【为害规律】 1 年发生 3～5 代，以卵在剪锯口、断枝、茎髓部越冬，一般在扣膜展叶后开始发生为害。成虫活动敏捷，受惊后迅速躲避，不易被发现。绿盲蝽有趋嫩、趋湿习性，无嫩梢时则转移至杂草及蔬菜上为害。

【防治措施】

1）清除棚室内及周围杂草，降低棚室内湿度。

2）发现新梢嫩叶有褐色斑点时，可喷布 10% 吡虫啉可湿性粉剂 3000 倍液，或 2.5% 吡虫啉可湿性粉剂 2000 倍液。

14. 瘿瘤头蚜

瘿瘤头蚜主要为害大樱桃叶片。

【形态特征】 瘿瘤头蚜分为无翅孤雌蚜和有翅孤雌蚜两种。无翅孤雌蚜头部呈黑色，胸、腹背面为深色，各节间色浅，节间处有时呈浅色。体表粗糙，有颗粒状构成的网纹。额瘤明显，内缘外倾，中额瘤隆起。腹管呈圆筒形，尾片短圆锥形，有曲毛3～5根。有翅孤雌蚜（彩图36左）头、胸呈黑色，腹部呈浅色。腹管后斑大，前斑小或不明显。

【为害特点】 叶片受害后向正面肿胀凸起（彩图36右），形成卷曲状的伪虫瘿，初略呈红色，后变枯黄色，5月底发黑、干枯。

【为害规律】 一年发生多代。以卵在幼嫩枝上越冬，春季萌芽时越冬卵孵化，于3月底在大樱桃叶端部侧缘形成花生壳状伪虫瘿，并在瘿内发育、繁殖，虫瘿内4月底出现有翅孤雌蚜并向外迁飞。10月中、下旬产生性蚜并在大樱桃幼嫩枝上产卵越冬。

【防治措施】

1）发生量小的果园，可人工剪除虫瘿。

2）从大樱桃树发芽至开花前，越冬卵大部分已孵化，及时往树下喷药防治。药剂可选3%啶虫脒乳油1500～3000倍液、10%吡虫啉可湿性粉剂2500倍液、48%毒死蜱乳油1000倍液、50%抗蚜威可湿性粉剂1500～2000倍液；10%烯啶虫胺可溶液剂4000～5000倍液；1.8%阿维菌素乳油3000～4000倍液；2.5%溴氰菊酯乳油1500～2500倍液喷雾防治。

15. 樱桃实蜂

樱桃实蜂是近几年在我国大樱桃上发现的新害虫。

【形态特征】 成虫（彩图37左）头部、胸部和腹背黑色，复眼黑色，3单眼橙黄色。触角丝状，9节，第一、二节粗短黑褐色，其他节浅黄褐色，唇基、上颚、下颚均褐色。中胸背板有"X"形纹。翅透明，翅脉棕褐色；卵长椭圆形，乳白色，透明；老熟幼虫（彩图37右）头浅褐色，体黄白色，腹足不发达，体多皱折和突起；蛹浅黄色到黑色。

【为害特点】 以幼虫蛀食大樱桃果实为害，受害严重的树，虫果率达50%以上。受害果内充满虫粪，后期果顶早变红色，早落果。

【为害规律】 1年发生1代，以老龄幼虫结茧在土下滞育，12月中旬开始化蛹，第二年3月中下旬樱桃花期羽化。产卵于花萼下，初孵幼虫从果顶蛀入，5月中旬脱果入土结茧滞育。

成虫羽化盛期为大樱桃始花期，早晚及阴雨天栖息于花冠上，取食花蜜补充营养，中午交尾产卵，大多数的卵产在花萼表皮下，幼虫老熟后从果柄附近咬一脱果孔落地，钻入土中结茧越冬。

【防治措施】

1）因大部分老龄幼虫入土越冬，可在出土前在距树5~8cm处深翻，减少越冬虫源。4月中旬幼虫尚未脱果时，及时摘除虫果深埋。

2）大樱桃开花初期，喷施90%敌百虫晶体1000倍液、50%辛硫磷乳油1000倍液、50%马拉硫磷乳油1000倍液、20%氰戊菊酯乳油3000倍液、2.5%溴氰菊酯乳油2000倍液等，防治羽化盛期的成虫。

⚠ 【注意】 如果实蜂发生的数量较多，在刚落花以后再喷1次药液。

第四节 大樱桃缺素症及其防治

大樱桃缺素症又叫生理性病害或非侵染性病害，是由生长环境中缺乏某种营养元素或营养物质不能被根系吸收利用引起的，可通过施用相应的大量或微量元素肥料进行校正。

1. 缺镁

缺镁症是由树体中镁元素缺少，土壤中镁元素不足或氮元素使用过多，抑制了根系对镁元素的吸收引起。

【症状】 幼树缺镁，新梢下部叶片先开始褪绿，并逐渐脱落，仅先端残留几片软而薄的浅绿色叶片。成龄树缺镁，枝条老叶叶缘或叶脉间先失绿或坏死，后渐变黄褐色，新梢、嫩枝细长，抗寒力明显降低，并导致开花受抑制，果小味差。

【防治措施】

1）基肥和追肥时增施硫酸镁，每亩使用 5～10kg。

2）穴施土壤生物菌，改善土壤结构，提高土壤透气性能，释放被固定的肥料元素，增加土壤中速效养分的含量。

3）叶面喷施施必丰 1000 倍液 + 果膨优 800～1000 倍液，15 天1 次，连续喷洒 3～4 次。

> ⚠ 【注意】
>
> ① 镁肥的施用效果与土壤有关，在中性和碱性土壤上，以施用硫酸镁为宜；在一般的酸性土壤上，则以施用碳酸镁为宜。
>
> ② 镁肥不可与磷肥混用，以免发生反应生成不溶于水的磷酸镁，使果树根系无法吸收。

2. 缺硼

由于受传统栽培管理模式的影响，偏施氮、磷、钾肥，导致樱桃树生长所需的营养元素比例失调，当土壤有效硼含量小于 $0.5\mu g/mL$（樱桃树对土壤有效硼的一般要求为 $0.8\mu g/mL$ 以上）时，会出现缺硼症状。

【症状】 缺硼时樱桃果实上可产生数个硬斑，硬斑处发育缓慢，逐渐木栓化；正常部位生长迅速，因而果实生长发育不均衡，出现果实畸形。这种畸形果一直到采收时仍不脱落，严重影响樱桃的产量和品质。

【防治措施】 缺硼可采取基施或叶面喷施硼砂进行纠正。

1）基施。对于缺硼果树，可于秋季或春季开花前结合施基肥，施入硼砂或硼酸。施肥量因树体大小而异，每株大树施硼砂 150 ~ 200g，小树施 50 ~ 100g，用量不可过多，施肥后及时灌水，防止产生肥害。根施效果可维持 2 ~ 3 年。

2）叶面喷施。在开花前，开花期和落花后各喷 1 次 0.1% 硼砂溶液。

> ⚠ 【注意】 硼与锌、锰、铜、铁、铝不同，若过量喷施硼砂还易使果树发生中毒，硼中毒害的症状是首先叶缘褪绿，最后扩展到侧脉并伸向中脉，叶子呈枯萎状，并过早地脱落。

3. 缺铁

因果园土壤偏碱性或含有过多碳酸钙，使土中的铁元素由可溶性变为不可溶形态，果树吸收铁元素量不足，体内生理状态失去平衡，叶绿素合成受阻，导致缺铁症的发生。

【症状】 缺铁首先产生于新梢嫩叶，叶片变黄，发生黄叶病。其表现是叶肉发黄，叶脉为绿色，呈典型的网状失绿，严重时，除叶片主脉靠近叶柄部分保持绿色外，其余部分均呈黄色或白色，甚至干枯死亡。随着病叶叶龄的增长和病情的发展，叶片失去光泽，叶片皱缩，叶缘变褐、破裂。

【防治措施】

1）喷施含铁剂。春季生长期发病，应喷 0.3% 硫酸亚铁 + 0.3% ~ 0.5% 尿素混合液 2 ~ 3 次，或 0.5% 黄腐酸铁溶液 2 ~ 3 次。

2）增施铁肥。在有机肥中加硫酸亚铁，捣碎粗肥，混匀，开沟施入树盘下。一般 10 年生结果树，株施 250g 左右即可。

> ⚠ 【注意】 土施或叶面喷施铁肥都要注意不可过量，以免发生铁中毒。

4. 缺钾

随着樱桃产量的增加，投入到土壤中的钾肥，不足以补充果实携走的钾而表现出缺钾症状。

【症状】　缺钾时，根和新梢加粗，生长减弱，新梢细弱，叶尖和叶缘常发生褐红色枯斑，易受真菌危害，降低果实产量和品质。严重缺钾时，叶片从边缘向内焦枯，向下卷曲枯死而不易脱落，花芽小而多，果实色泽差，着色面小。

【防治措施】　缺钾果树于 6～7 月追施钾肥（如草木灰、硝酸钾、磷酸二氢钾、氯化钾、硫酸钾等）后，叶片和果实都能逐渐恢复正常；生长期发现果树缺钾，及时用 3%～10% 的草木灰浸出液叶面喷施，也有良好效果。

⚠️【注意】　在细沙土、酸性土以及有机质少的土壤中，易表现缺钾症。

5. 缺锌

【症状】　缺锌时樱桃树早春发芽晚，新梢节间极短，从基部向顶端逐渐落叶，叶片狭小、质脆、小叶簇生，俗称"小叶病"，数月后可出现枯梢或病枝枯死现象。病枝以下可再发新梢，新梢叶片初期正常，以后又变得窄长，产生花斑，花芽形成减少，且病枝上的花显著变小，不易坐果，果实小而畸形。幼树缺锌，根系发育不良，老树则有根系腐烂现象。

【防治措施】　对缺锌果树，可在发芽前 3～5 周，结合施基肥施入一定量的锌肥或喷施 30 倍左右硫酸锌，效果非常好。

⚠️【注意】　增施有机肥、改良土壤、降低土壤的碱性，是防治缺锌病的根本措施，同时再补充适量锌肥，可取得理想的防治效果。

第五章　大樱桃病虫害及缺素症的防治

第六章
棚室栽培灾害的预防

棚室生产的自然灾害指冻害、风灾、雪灾等，人为灾害指肥害、药害、冷水害等，这些灾害都是近几年保护地果树生产中多次发生的灾害，一定要引起栽植者的重视。

一 风灾

棚室生产的风灾就是大樱桃覆盖期间发生5级以上的大风，对棚室生产造成的伤害。

1. 风灾发生的原因

由于棚架结构为斜平面，弧度小，塑料膜固定不紧实，或覆盖抗风能力较差的棚膜，被风刮坏棚膜使树体和幼果受害。另外，还包括夜间放苫后风大将草苫刮起，引起棚内温度降低影响到了树体正常的生长发育。

2. 预防风灾的措施

1）建造棚架时一定要采用半拱圆式，拱架间距不能大于1m。

2）注意天气预报，对几天内是否出现大风天气做到心中有数，提早预防。如果晚上风很大，人最好不要离开，以便出现问题及时解决。

3）经常对棚室进行全面检查，排除风害隐患。如检查压膜线是否松动、断裂或老化，对松动的压膜线应重新拉紧，一般隔3~5天要紧一次压膜线，对已经老化的或断裂的压膜线，应及时更换。有破洞要及时粘补，为解决放风调温与刮风吹膜的矛盾，可间隔3~5m放一草苫压膜。

4）在生产实践中发现大多大棚后坡的草苫仅仅间隔地用土袋或沙袋来压，根本难以防住大风对草苫的掀翻。建议选一根 6 号的钢丝，扯在大棚后坡草苫内 20cm 处，两边固定在东西山墙下的坠石、拉钩或固定桩上，然后用紧线机拉紧。必要时可以间隔 20～60cm 再固定一根钢丝。

5）采取横加"腰带"的方法，这里介绍两种。

① 采用 2～3 块棚膜的盖膜方式，棚膜缝合处膜边一定要各加一条强度大的拉筋作"腰带"，即把作拉筋用的压膜线或尼龙绳夹在膜内，用电熨斗或烙铁烫接棚膜，上膜后把绳两端固定，视棚体长度每间隔 5～10m 固定 1 次。

② 对卷帘机两侧的草苫整体横加 2～3 条"腰带"，卷帘机东西两侧各用 8～12 号钢筋间隔 1.5～2m 上下夹紧草苫固定（固定钢筋距离卷帘机 60～80cm）。这样不仅使两侧所铺草苫形成整体，草苫不会被大风掀起和摆动，而且不影响卷帘机的正常运转。

二 雪灾

雪灾指降雪量达 200mm 以上，对棚室大樱桃生产造成的伤害。

1. 雪灾发生的原因

棚室结构不合理、骨架质量不牢固和骨架材料质量差，或没有及时打扫积雪的情况下而压塌棚室等。

2. 预防雪灾的措施

1）为防止降雪对棚室大樱桃生产的影响，可在草苫上加盖一层防雨膜，不但可以阻挡寒风，还可防止雨雪打湿草苫，也可减少因水分蒸发而引起的热量散失。

2）要经常检查棚室骨架、支柱、墙体及棚膜是否有损坏隐患，是否牢固，发现问题及时加固修复。

3）降雪量达 150mm 以上时可在棚室内点烟熏剂，不仅可提高棚室内温度，又可杀灭病菌，并可防止冷冻灾害带来的病害发生。

4）根据安装的加温设备进行加温。

> 【重要提示】 不能在棚室内用柴草点火升温，因柴草燃烧时放出的烟对大樱桃有极大的危害。

5）当棚室的棚面上积雪达一定厚度时，如果能够人工除雪，可

采取人工除雪，但要注意保护好棚膜。

6）在连续低温的阴天，外界虽没有直射光，但揭开草苫后仍能透进一部分散射光，依然可进行一定量的光合作用，因此大雪过后，白天只要能揭开草苫，则一定要揭帘见光。

三　冻害

冻害是棚室大樱桃生产最容易也是最经常发生的大棚灾害。

1. 冻灾发生的原因

冷害可以发生在棚室栽培的局部，也可以发生在整个棚室。

局部冷害是大樱桃植株在离保护地边缘太近的地方，或局部密封不严，导致冷空气进入造成的。

整个棚室的低温冷害主要是由保护措施不足，强冷空气大规模入侵，放风不当或老鼠咬破棚膜造成。

2. 预防冻灾的措施

1）建造一个结构合理、透光率高、增温快、保温性能良好的保护设施，是棚室栽培能否取得成功的首要条件。

2）扣膜增温前10天左右在操作行间全面积覆盖地膜。覆盖地膜时，要做到行间、株间全面积覆盖严密，不让土壤裸露。

3）若温室封闭不严，存有孔隙，则室外冷空气、室内热空气，可直接通过孔隙进行空气对流传递热量，使热量大量损失。造成温室孔隙的原因有薄膜出孔、压膜线拉得不紧造成薄膜起伏等。因此，要经常检查，防止上述现象的出现。

4）提高不透明覆盖物的保温质量。目前，最常用的不透明保温层有草苫、防水纸被等。用草苫覆盖，要注意选择厚度达5cm左右、编织密度紧密，极少有缝隙的稻草苫。否则，如果草苫编织不紧密，显露缝隙，覆盖温室后，夜晚室内热量，可通过草苫存留的大量缝隙，辐射传递于室外，使室内温度快速下降，难以保住温度。用草苫覆盖，遇到雨雪天气，草苫吸水之后，变得非常沉重，既降低了保温效果，又给操作带来了困难。因此用草苫覆盖，草苫外面还须加盖一层塑料薄膜。这样做既能防止雨水打湿草苫，又提高了保温效果，可比单用草苫覆盖提高温度2～3℃。

5）在棚室内的东、西、南、北、中，各个不同部位，设置温度计，温度计的高度与大樱桃树的生长点齐平，然后每半小时左右，观察一次温度，再根据大樱桃树的不同物候期所需要的适宜温度范围，决定怎样进行调控。

6）经常用长干拖布清扫棚面，保持棚面的清洁，这样不仅能够延缓薄膜老化，还能增加薄膜的透光率，增加热量的吸收。

7）用抗冷冻素 100～700 倍液喷洒大樱桃，可起到防寒抗冻的作用。

8）消灭老鼠，防止老鼠咬坏棚膜。

3. 冻害的补救

1）树体受到冻害后不能立即给棚室升温，要让棚室内的温度慢慢上升，这样可以避免因温度急剧升高而导致受冻的组织坏死。

2）适当的给棚室进行人工喷水，增加棚室内的空气湿度，也能稳定棚室内温度，抑制受冻组织脱出的水分蒸发。

3）给受冻后的大樱桃树追施速效化肥，使植株迅速吸收，提高其细胞液浓度，恢复生长能力。

4）对于部分无法恢复的受冻枯枝叶，要把它们及时剪去，这样可以避免受冻组织霉变诱发的病害。

四 肥害

近年来，大樱桃树施肥过程中因施肥不当造成的肥害时有发生。因受害程度不同，轻者过段时间后还能再次长出叶，但长势很弱，受害枝全年生长量很小；重者枝干叶枯，不能恢复，最后造成死树死枝。不仅浪费了肥料和劳力投资，而且结果树的正常生长发育和结果受到了严重影响。

1. 肥害发生的原因

造成肥害发生的原因主要是因为施肥方法不当，致使根际土壤溶液中肥料浓度过高，甚至肥料与大樱桃树根系直接接触，且持续时间长，危害程度重，最终烧伤树根。并随着高浓度肥料溶液向树上的运输，所到之处枝枯花干，发生肥害。具体表现在以下几个方面。

1）秋季施基肥时，施肥部位距主干或大根过近，甚至使肥与根直接接触，施后又没有浇水，造成根系灼伤。

2）过量施用化学肥料，如尿素、氨水、碳铵等，烧伤根系，使根变成褐色。

3）叶面喷肥时稀释肥液的浓度计算错误、滥加增效剂、花期滥用坐果剂，幼果期滥用膨大剂、着色剂、早熟剂等造成不同程度的落果或叶片伤害。

4）几种化学肥料混合不当，产生化学反应，生成有害物质，造成土壤酸碱度发生变化，伤害根系。

5）施用大量未腐熟的农家肥，肥料腐熟发热，灼伤根系。

6）肥料随气温的升高而挥发，产生的有害气体对花、果、叶片造成危害。如地面撒施碳酸氢铵、尿素、干湿鸡粪、牛马粪等，在温度高时都会释放出氨气和二氧化氮（亚硝酸气体），抑制呼吸作用和光合作用。

2. 肥害发生时的症状

大樱桃花芽和花蕾受害严重时，柱头和花药变褐失去生命力。花朵受害时，花瓣边缘干枯，严重时柱头和花药变成褐色。叶片受害严重时，叶片边缘呈现水渍状，严重时萎蔫脱落，随之果脱落。

3. 肥害的预防措施

1）充分了解肥料的性质。现在使用的肥料多，每种肥料都有适施对象和施用的具体要求，尤其是新型肥料多，在没有掌握使用技术之前，要认真阅读使用说明，最好是先做好小面积试验后再使用。

2）做到分期施肥。根据大樱桃树周年需肥规律，分别于春季萌芽前、夏季花芽分化期和秋季果实采收后，配合施基肥，分三次进行追施。这样每次施入化肥的量比一次性追施的量小，土壤浓度不致过高，防止肥害发生。因此，不要图省工省事而将全年肥料一次性施入。在进行施肥时，采用多方位施肥方法，即多开几条沟，以降低每条沟施肥量。而且，肥料在沟内要撒匀，不能集中成堆，防止局部过多集中而导致肥害。

3）注意施肥部位。施肥时，施肥点应在距离树体主干和大根稍远一点，一般以在树冠投影的外缘部位，开挖施肥沟较为适宜。尽量拉大肥根距，既可防止肥害发生，又有利于根对肥料的吸收和利用，起到增强肥效和提高肥料吸收利用率的作用。

4. 肥害的补救

一旦出现肥害，可在施肥沟部位挖一浅沟，灌入一定量的水，即可稀释土壤溶液，又可使部分肥料成分随水扩散转移，降低供肥强度，从而降低肥害程度。

对肥害量比较大，来不及采用上述方法，延误时间而加重危害时，可采用断根法防止肥害加重比较好。具体方法是沿施肥沟内侧挖出烧伤的大根，将其切断，终止树上持续危害，有一定效果。

五　药害

施用农药既可防治病虫又能促进大樱桃树的生长发育，提高果品产量和品质。但由于农药直接或间接地作用于大樱桃树的各个部位，对大樱桃树本身也会有一定的影响，有时会产生药害，轻者叶、花、果出现斑点或焦枯，重者落叶、落花、落果，甚至枯枝死树。药害的存在一定程度上威胁着果品生产的发展，应引起足够的重视。

1. 药害发生的原因

药害常因浓度过量，不经称量或计算错误，或多种药混合发生化学反应，或加入增效助剂，或高温不通风而发生。

2. 药害发生时的症状

根据药害发生的快慢和症状明显程度，一般分为急性药害、慢性药害和残留药害3种。

1）急性药害。指在施药后很快（几小时或几天内）就出现药害症状。其特点是发生快、症状明显，肉眼可见。一般表现为叶片上出现斑点焦灼，穿孔或失绿、黄化、畸形、变厚、卷叶甚至枯萎、脱落等症状；果实上出现斑点、畸形、变小、落果等症状；花上表现枯焦、落花、变色、腐烂、落蕾等症状；植株生长迟缓、矮化甚至全株枯死。

2）慢性药害。指在用药后并不很快出现症状的药害。其特点是发生缓慢，有的症状不明显，短时间内不易判断。多在长时间内表现生长缓慢、发育不良、开花结果延迟、落果增多、产量降低、品质变劣等。

3）残留药害。大樱桃树喷药时，有一半以上的农药落在地面上，撒毒土或土施时药剂基本上都留在土壤里。这些农药有的分解

较慢，在土壤中积累到一定程度，就会影响大樱桃树生长。其症状与慢性药害类似。

3. 药害的预防措施

防止药害的重要原则是对症施药、适量用药。

1）能用一种药剂防治的，就不要用2种或多种。有的果农认为使用一种药剂不放心，而将2~3种药剂混配，其实现在许多农药本身就是复混而成，有时混用的几种农药都是同一种作用机制，混用如同加大剂量引起药害。

2）易发生化学反应的药剂要单独喷施，喷药时要对药液不断搅动，喷剩下的药液不要重复喷，也不要倒在树盘中。

3）在农药的有效使用浓度范围内把药液浓度比应配浓度降低10%~20%，加大喷药量，把树上树下，里里外外，叶片正、反面都冲刷一遍，对避免药害，提高防治效果较好。该方法尤其适用于已产生抗性和虫口密度较大的果园。

4）助剂如渗透剂、黏着剂和增效剂等也不要随便加入药液中，目前有些农药在生产过程中已经加入黏着剂或渗透剂，使用农药时一定要阅读说明书，或在购药时问清楚使用方法。

5）配制波尔多液时，硫酸铜溶解不彻底，易发生药害。还有波尔多液与石硫合剂或某些杀菌、杀虫剂交替喷施时，间隔时间太短也易发生药害。因此，生产上要引起注意。

4. 药害的补救

发生药害时要根据产生药害的具体原因和受害的程度，积极采取补救措施，尽量减轻药害的程度。

1）灌水、喷水。如发现早，应立即喷水冲洗受害植株，以稀释和洗掉黏附于叶面和枝干上的农药，降低树体内的农药含量。此项措施越早越及时效果越好。

2）喷药中和。

① 药害造成叶片白化时，可用粒状的50%腐殖酸钠配成3000倍液进行叶面喷雾；或用同样方法将50%腐殖酸钠配成5000倍液进行灌溉，3~5天后叶片会逐渐转绿。

② 因波尔多液中的硫酸铜离子产生药害，可喷0.5%~1%的石

灰水溶液来消除药害。

③ 因石硫合剂产生药害，在水洗的基础上，再喷洒400～500倍的米醋溶液，可减轻药害。

④ 错用或过量施用有机磷、菊酯类、氨基甲酯类等农药造成药害，可喷洒0.5%～1%的石灰水、洗衣粉液、肥皂水、洗洁净水等，尤以喷洒碳酸氢铵碱性化肥溶液为佳，不仅有解毒作用，而且可以起到根外追肥促进生长发育的效果。

3）及时追肥。大樱桃树遭受药害后，生长受阻，长势衰弱，必须及时追肥（氮、磷、钾等化肥或稀薄人粪尿），以促使受害大樱桃树尽快恢复长势。如药害为酸性农药造成，可撒施一些草木灰、生石灰，药害重的用1%的漂白粉液进行叶面喷施。对碱性农药引起的药害，可追施硫酸铵等酸性化肥。无论何种药害，叶面喷施0.3%的尿素溶液＋0.2%磷酸二氢钾混合液，或用1000倍液植物动力2003喷施，每隔15～17天喷1次，连喷2～3次，均可减轻药害。

4）注射清水。在防治天牛、吉丁虫等蛀干害虫时，因用药浓度过高而引起的药害，要立即自树干上虫孔处向树体注入大量清水，并使其向外流水，以稀释农药。如为酸性农药药害，在所注水液中加入适量的生石灰，可加速农药的分解。

5）中耕松土。大樱桃树受害后，要及时对园地进行中耕松土（深度10～15cm），并对根干进行人工培土，适当增施磷、钾肥，以改善土壤的通透性，促使根系发育，增强大樱桃树自身的恢复能力。

6）适量修剪。大樱桃树受到药害后，要及时适量地进行修剪，剪除枯枝、摘除枯叶，防止枯死部分蔓延或受病菌侵染而引起病害。

六　冷水害

冷水害发生在棚室覆盖期间的树体展叶以后，用室外水塘水、河水（称为冷水）直接大水浇灌，使树体受害。

1. 冷水害发生的原因

冬季水塘水或河水的水温在4℃以下，棚室内的地温常在15℃以上，用水塘水或河水灌溉，会抑制根系的正常生理活动，使之处于暂时停止吸收和输导水分与养分的状态，使地上部树体表现为叶片发生失水现象，叶片侧翻，轻者几日停止生长，重则十几日才能

恢复，虽然对树体没有太大的伤害，但会延迟果实成熟期，直接影响经济效益。

2. 冷水害的预防措施

温室覆盖期间灌溉用水要用地下深井水，若用室外水塘水、河水需在大棚内放置一储水罐（图6-1），放置2~3天后，温度达到棚内温度时再利用。

图6-1　储水罐

第七章
果实采收、分级、包装与运输

大樱桃果实的采收与采后处理是保证大樱桃果实丰产丰收、提高果品质量、获得最大经济效益的重要环节，因此，采收时期、采收方法、分级、包装等必须引起足够的重视。

一　采收

棚室大棚促早熟栽培大樱桃，一般在 3 月中旬开始采收，至 5 月上中旬应全部采收完毕。

1. 采收时间的确定

大樱桃果实发育期很短，果实从开始成熟到充分成熟，果实个头大小能增长 30%～35%，在此期间，果实风味品质变化很大。另外，大樱桃果实为呼吸跃变型水果，果实没有后熟过程，果实品质不会因放置而有所提高。因此，采收过早，果个也小，不能充分显示该品种应有的优良性状和品质，糖分积累少，着色差，抗性也差，产量也低，且储运期易失水、失鲜、易感病，商品价值也低，没有市场竞争力；采收过晚，某些品种易落果，果肉松软，储运过程中易掉柄，果实极易软化、褐变，衰老加快。因此，采收时间一般通过鉴定该品种的色泽、风味、果实大小和着色情况来确定。

(1) 色泽　果皮色泽是鉴定成熟度最可靠的指标，对每个品种，首先依据其果皮色泽的变化确定采收期。

黄色品种，当果皮底色褪绿变黄、阳面开始着红晕，红晕面积占果面2/3时即可采收；红色品种当果面全部呈现红色时即可采收；紫色品种，当果面由红变紫，远望果实呈紫色，果面有光泽时即可采收。

（2）发育期 一般早熟大樱桃果实发育期为30～40天，中熟品种为40～50天。据此可大致推算出大樱桃的成熟日期。

（3）口味 大樱桃在成熟时，果实含酸量逐渐降低，含糖量逐渐升高，果实内部可溶性固形物达到一定的相对稳定值。因此，也可根据各种樱桃品种在成熟时的口味确定采收期。

> ➡ **【提示】**
>
> ① 棚室栽培的大樱桃主要用于鲜食，就近销售的，必须使果实达到充分成熟，在表现出本品种应有的色、香、味等特征时采收；若为远距离运输、异地销售的，则比在当地销售提前2～3天采收即可。
>
> ② 喷乙烯利等激素虽能使大樱桃果实提早成熟，但影响品质，不宜应用。

2. 采收

大樱桃果实的成熟期，常因其在树冠中着生果枝的位置、每丛花着生果实的多少，而成熟时间各异。因此，要根据果实成熟的情况，分期分批采收，不一定一次全部采完。

（1）停止喷药 在采果前20天应停止喷洒农药。

（2）采前处理 用于长途贩运的大樱桃，采前15天向树体喷洒0.5%氯化钙溶液或大樱桃采前液体保鲜剂1～2次，以提高果实的储运性能。

（3）采收方法 大樱桃的果实储运性差，不抗机械损伤，因此，鲜食大樱桃主要靠人工采收。

采收时，用手拇指和食指捏住果柄基部，轻轻掀起即可采下。采下的果实轻轻放到采果篮中（采摘前采果篮底部和周边要用纸铺好，以免损伤果实），然后集中放在包装场地进行挑选。

⚠ **【注意】** 在采摘过程中，各个环节都要注意轻拿轻放，避免人为损伤果实，同时注意保护好结果枝，勿使其折断，以免影响第二年产量。

二 分级、包装与运输

1. 分级

大樱桃果实较大，为了提高商品质量，增加果农收入，提倡分级包装后再进入市场。

一般可分成三级：最好的为特级，要求果实个头大，例如红灯要在 10g 以上，颜色深红，果实具有本品种的典型果形，无畸形果、病虫果、碰伤果；中等的为一级果，要求果实 8～10g，颜色比特级略差一点，其他要求一样；较差的为二级果，果实 8g 以下，颜色较差，许可有 15% 的畸形果及机械碰伤果。

2. 包装

采用合理、精美的包装，不仅可以减少大樱桃果实上市时的运销损失，而且可以保持新鲜的品质，提高商品价值。

包装材料多采用纸箱、纸盒（图 7-1）、泡沫箱（图 7-2）、塑料盒或手提式纸盒（图 7-3）等。包装箱不宜过大，以 10kg、5kg、2.5kg、1kg 规格为宜。

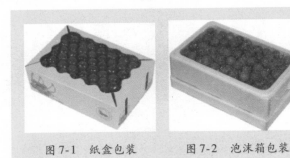

图 7-1　纸盒包装　　　图 7-2　泡沫箱包装

10kg 装的纸箱规格为 11cm×25cm×40cm，5kg 装的纸箱规格为 11cm×25cm×20cm，这两种纸箱可以直接汽运或空运。2.5kg 和 1kg 装多为一侧为透明装置的纸盒。

包装时可在盒内加放 CT-2 号、CT-5 号保鲜剂（天津农产品保鲜中心生产），保鲜剂袋用大头针扎两个透眼。

3. 运输

大樱桃果实包装好后，还要根据运输距离的远近进行外包装。用于长途贩运的外包装盒（箱）应有足够的强度，适于码垛装车运输。盒底、盒顶可以垫一些缓冲物（网套、柔软的包装纸等），果实尽量装紧实以减少相互碰撞和摩擦。

图 7-3　手提式纸盒包装

为保证运输过程中的稳妥、安全，减少损失，在采收、运输过程中应注意以下几点。

1）运输时间要尽量缩短，在无制冷条件下运输，从采收、分级、包装、发运至到达目的地最好不要超过 48h。

2）选择合适的运输工具，较短距离内运输一般以汽车运输为宜，路途远的则可以考虑空运。

3）尽量改善运输途中的环境，例如利用保温车在低温条件下运输，将臭氧和负离子发生器装置在保温车内运输等。

附 录

附录A 大樱桃日光温室生产技术规程

（辽宁省地方标准 DB21/T 1548—2007）

本标准附录a为规范性附录。

本标准由辽宁省农村经济委员会提出并归口。

本标准起草单位：大连弘峰企业集团有限公司、普兰店市农村经济发展局起草。

本标准起草人：范安梁、廉青春、李玉鑫、张炼、吕玉平、李庆武、辛士峰、彭杰、门福林。

1 范围

本标准规定了绿色食品—大樱桃日光温室生产的有关定义、术语及生产技术、运输、储存、包装等管理措施。

2 规范性引用文件

下列文件适用于本标准。

NY/T 391 绿色食品 产地环境技术条件

NY/T 393 绿色食品 农药使用准则

NY/T 394 绿色食品 肥料使用准则

3 术语和定义

本标准采用下列定义

3.1 保护设施

在不适宜植物生长发育的寒冷、高温、多雨季节，人为创造适宜植物生长发育的微环境所采用的定型设施。

3.2 日光温室

由采光和保温维护结构组成，以塑料薄膜为透光覆盖材料，东西向延长，在寒冷季节主要依靠获取和蓄积太阳辐射能进行果树生产的单栋温室。

3.3 塑料大棚

采用塑料薄膜覆盖的拱圆形、或一头高一头低的棚，南北走向，其骨架常用竹、木、钢材或复合材料建造而成。

3.4 砧木

嫁接植物时，把接穗接在另一个植物体上，这个植物体被称为砧木。

3.5 长枝修剪技术

指在冬季或夏季修剪时仅仅采用长放、疏剪，而较少使用短截的修剪技术。

3.6 强制休眠技术

模拟植物生长自然环境，采用相应设备、结合相应措施，对温室实行阶段性温、湿度调控，对植物施行一定技术处理，以改变植物生长的生物钟，使其提前进入休眠的生产管理技术。

4 生产技术管理

4.1 选地

选择较为背风地段的沙质土壤地块为宜，一般有 3°～15°的坡度更为适宜大樱桃的栽培。要求土质疏松肥沃、排水良好、有灌溉条件、pH 在 6.0～7.5 之间，产地环境应符合 NY/T 391 的规定。

4.2 保护设施规格

4.2.1 日光温室

坐北朝南，脊高 3.5～6m，跨度 7.5～12m，长度以 90m 左右为宜。

4.2.2 塑料拱棚

脊高 4.5～5.5m，跨度 16～20m，长度以 90m 左右为宜。塑料高低高棚：脊高 5~7m，跨度 17~21m，长度以 90m 左右为宜。

4.3　苗木选择

4.3.1　品种选择

在品种上，以个大、色艳、质优、口感稍偏酸甜的鲜食丰产品种为主，早、中、晚熟品种合理搭配，可选用红灯、佳红、红手球、红秀峰、美早等。

4.3.2　苗木质量

苗木应选择根系完整、枝条粗壮、芽胎饱满的优质苗。砧木宜选用草樱系列和山樱系列。

4.3.3　品种配置

4.3.4　授粉品种

应选择与主栽品种间亲和力强、花期一致、丰产、稳产、经济价值高的品种，具体见表 A-1。

表 A-1　大樱桃主栽品种的适宜授粉品种

主 栽 品 种	适宜授粉品种
红灯	佳红、巨红、滨库
佳红	红灯、雷尼、先锋等
红手球	樱王、红秀峰、帝王
红秀峰	早大果、红手球、拉宾斯
美早	胜利、友谊、宇宙

4.3.5　授粉树的配置数量

授粉品种所占比例应为 20%~30%，配置方式可采用 3~4 行主栽品种、1 行授粉品种等。

4.4　栽植

4.4.1　栽植时间

可分为春、秋两季。春季以清明前、后，叶芽开始萌动时为宜；秋季在 11 月，树体落叶后进行栽植最佳。

4.4.2　栽植密度

土壤条件好，品种长势强的，栽植间距宜大些，以采用 2m×5m 栽植为宜；反之则可小些，以采用 2m×3m 栽植为宜。

附录

4.4.3 栽植方法

4.4.3.1 沟栽

将 1 年生苗木的栽植带按行距开宽 1m、深 0.8m 左右的栽植沟，内填 100 ~ 200kg 的腐熟农家肥；3 ~ 5 年生苗木开宽 2m、深 0.8m 左右的栽植沟，内填 160 ~ 300kg 腐熟农家肥，然后覆盖表土。栽植时，不要将根系直接接触肥料，以防地温升高时，肥料产生氨气伤根。

4.4.3.2 穴栽

穴的大小根据土质决定，土层瘠薄的挖大穴，直径为 1m、深 0.8m；平地土壤土层较深的，挖直径 0.8m，深 0.6m 的穴便可。每穴施农家肥 50 ~ 80kg。栽植时，苗木根部培土后，用手向上提一提，使根部舒展并能与土壤紧密接触，然后用脚踏实。栽植深度不能超过原来的生长深度，浇水封穴，并在苗干周围培成 0.3m 左右高的土堆。

4.5 土壤管理

4.5.1 深翻改土

宜在早秋和早春进行，方法是从两行或两株中间向栽植穴深翻至原栽植穴。深 50cm 左右，翻时表、底土各放一边，将底土混入草碳土、腐殖土等回填，最后回填沙质表土，再平整树盘及时浇水。

4.5.2 中耕松土

一般在灌后和雨后进行，深度 5 ~ 8cm。

4.5.3 树盘覆草

可在春、夏两季进行，每棵树盘，根据树冠投影面积，覆草 30 ~ 80kg。

4.6 施肥

4.6.1 施肥规则

所施用的农家肥料、商品有机肥料、腐殖酸类肥料、微生物肥料、半有机肥料（有机复合肥料）、无机（矿质）肥料、叶面肥料等应符合 NY/T 394 的要求。

4.6.2 早秋施基肥

时间为 8 月下旬 ~ 9 月上旬，采用环状沟施法。沟深 40cm、宽 30cm，第一年施树冠的一半，第二年施另一半，两年完成一圈。1 ~ 3 年生果树施农家肥 30 ~ 60kg 左右，4 ~ 6 年生果树施 80 ~ 150kg 左右，6 年以上生果树施 150 ~ 200kg 左右。

4.6.3　生长季追肥

于萌芽前和采果后每棵树各追施沼液肥 50kg 左右。

4.6.4　根外追肥

于花后半个月开始用 0.15kg 尿素兑水 50kg 每隔 10 ~ 20 天喷洒一次，至采收前一个月停止喷洒。

4.6.5　压绿肥

在温室周边、园边及零散地种植草木樨等绿肥作物，于 6 ~ 9 月间将绿肥作物翻压入树盘中，用量每棵树压绿肥 60 ~ 150kg。

4.7　浇水

4.7.1　萌芽水

水量适中，以渗入土壤 20 ~ 30cm 为宜。

4.7.2　花前水

当棚内湿度 < 50% 时，给予补水，水量以渗入土壤 30 ~ 40cm 为宜；湿度在 50% ~ 75% 之间，补水量以渗入土壤 20 ~ 30cm 为宜；当湿度 > 75% 时，少量补水，以渗入土壤 10 ~ 15cm 为宜。

4.7.3　花后水

棚内湿度 < 50% 时，给予补水，水量以渗入土壤 20 ~ 30cm 为宜；湿度在 50% ~ 75% 之间时，给予适量补水。水量以渗入土壤 10 ~ 20cm 为宜；当湿度 > 75% 时，不宜浇水。

4.7.4　硬核水

当棚内湿度 > 60% 时，不浇水；< 60% 时，适量补水，水量以渗入土壤 20 ~ 30cm 为宜。

4.7.5　采后水

水量较大，以渗入土壤 30 ~ 40cm 为宜。

4.7.6　水温

冬季棚内水温不得低于 8℃，以 8 ~ 13℃ 为最宜。可采用日晒和养水的方法使水温达到所需温度。

4.7.7　修排水沟

在行间和温室底角处挖深 40cm、宽 30cm 排水沟，行间与底角相连，以利雨季排涝。

4.8 整形修剪

4.8.1 树形

4.8.1.1 主要树形

以开心形和主干形为主，前棚较低处可采用开心形，后棚空间高处可采用主干形。

4.8.1.2 开心形

树高 1.2 ~ 1.5m 为宜，干高 0.3 ~ 0.4m，无中心领导干。全树有主枝 3 ~ 5 个，与主干呈 60° ~ 75°倾斜延伸。每主枝上有 6 ~ 7 个侧枝，在各级骨干枝上着生短果枝和花束状果枝。

4.8.1.3 主干形

树高 2.5 ~ 3.3m，定干高 0.5 ~ 0.7m，有中心领导干。在中心领导干上培养 10 ~ 15 个单轴延伸的二干枝，下部二干枝长 2 ~ 2.5m，基本与地面平行，向上逐渐变短，分 4 ~ 5 层由下而上呈塔式分布，在主枝上直接着生短果枝和花束状果枝。

4.8.2 修剪

4.8.2.1 修剪方法

修剪时主要采用长枝修剪技术。

4.8.2.2 幼树期修剪

4.8.2.3 开心形修剪

确定要培养的 3 ~ 5 个大主枝，以及在各大主枝上培养的基本与地面相平行的二干枝，各干枝的间距为 0.5 ~ 0.7m，多余枝条在基部全部剪除。

4.8.2.4 主干形修剪

确定领导干、分出层次，每一层次留 3 ~ 4 个二干枝，多余枝条在基部全部剪除。

4.8.3 结果树修剪

修剪上以甩放长条为主，去除新萌芽的背上枝和其他侧枝，避免造成枝条密生，影响光合作用，同时还可使树体营养分布平衡，形成较好的微循环。

4.9 微环境调控

4.9.1 制冷降温

采用强制休眠技术对棚内温度施行阶段性降温。9 月初开始盖棚，覆盖后实施强制降温，第 1~6 天每隔一日降温 1℃，第 7~13 天每日降温 1℃，14~17 天每日降温 2℃，至第 17 天达到临界温度 7℃时，进入休眠状态。

4.9.2　温度及空气湿度

保持棚室内温度在 0~7℃之间，当 0~7℃的室温累计达到 1200h 后开始揭帘加温，昼揭夜放。棚室内温湿度的调控指标见表 A-2。

表 A-2　棚室内温湿度调控指标

温湿度	萌芽期	开花期	幼果期	着色与采收期
气温/℃	8~20	9~16	18~25	20~29
地温/℃	8~14	9~16	15~22	15~22
相对湿度（%）	60~70	65~75	65~75	50~60

4.10　气体调控

揭帘后在不影响温度的前提下，及时开启通风装置使内外气体交换，在尚未通风换气之前和下午关闭通风装置之后，释放适量二氧化碳气肥。

4.10.1　光照调控

保持棚面清洁透明，尽量地早揭晚放覆盖物，以延长光照时间。花期和果实成熟期遇连续阴雪天时，采取用日光灯补充光照。

4.10.2　覆盖物撤离

采收后外界晚间最低气温 ≥10℃时，撤掉草苫，≥15℃时，逐渐撤棚膜。

4.11　花果管理

4.11.1　稀花疏果

花芽膨大未露花蕾前，疏除瘦小花芽，留饱满的中间花芽；当花朵开放时，疏除弱小花朵，落花后 1 周左右，疏除小果和畸形果。

4.11.2　辅助授粉

4.11.2.1　人工授粉

每日 9~10 时和 15~16 时，用授粉器蘸取花粉授到刚开放的花朵柱头上；或用鸡毛掸在不同品种间反复掸授；也可用鼓风机置于树下风授。

4.11.2.2 蜜蜂授粉

樱桃即将开花时，将蜜蜂蜂箱置于温室中央，每温室一箱。

4.12 病虫害防治

生产者应用农业防治、物理或机械防治、生物防治的方法管理病虫害和杂草。防治病虫应采用选择适应性强、抗病虫害的优良品种，培肥地力，采用轮作或嫁接技术，引入和繁殖虫害天敌和寄生者，保护和扩大天敌的栖息地（如为天敌筑窝、筑巢），或利用非合成控制（如性诱剂、陷阱和驱避剂）等措施。控制杂草应采用割草、放牧燃烧、加热或电子方法，或用塑料薄膜或其他合成材料覆盖，但这些覆盖材料必须在樱桃收获之后从田间移走。只有在樱桃确实遭到危害而上述措施不足以预防或控制病虫害和杂草时，可以使用本标准附录 a 中材料预防、治理或控制病虫草害，但必须对这些材料的使用做好详细记录。

4.13 果实采收

4.13.1 采收适宜期

黄色品种，底色褪绿变黄，阳面开始着有红晕时采收；红色品种，果面着以全面红色时采收；紫色品种，果面呈紫色时采收；成熟期不一致的品种要分期采收；采收时间宜在上午 9 时以前。

4.13.2 包装与储运

包装材料采用纸箱、纸盒或塑料箱、塑料盒；储藏采用气调储藏法，储期 1 个月左右，储藏温度为 0 ~ 1℃，空气相对湿度 90% ~ 95%，二氧化碳含量为 10% 左右，氧气含量为 5% ~ 10%，需远途运输的，用冷藏车外运，在无冷藏装置条件下运输的，运期不能超过 2 天。

5 运输、储存、包装和标志

5.1 运输、储存、包装

在挑选、制备、清洗、储藏包装等过程中，有机樱桃不能与非有机生产的樱桃混合，并防止农药、清洁剂、消毒剂和其他化学物质的污染。除了附录 a 中列出的物质外，不能使用其他任何材料来防治有害生物或保持和改善果品质量。运输中樱桃应密封。

5.2 标志

产品标签必须标清生产者、产品和产地。

附录 a 病虫草害的预防、治理或控制方法

(规范性附录)

a.1 控制病虫害的主要产品（表 a.1）

表 a.1 控制植物病虫害的主要产品

名　称	描述、成分要求、使用条件
动物油和植物油（如薄荷油、松树油、香菜油）	杀虫剂、杀螨剂、杀真菌剂、发芽抑制剂
◆从除虫菊瓜叶菊叶中提取的类除虫菊酯制剂	杀虫剂
◆鱼藤酮制剂、鱼藤粉、鱼藤粉制剂	杀虫剂
苦味剂和鱼尼丁、苦参碱	杀虫剂、驱避剂
硫黄（硫黄熏蒸剂、硫黄粉制剂、硫黄水制剂）	杀虫剂、杀螨剂、驱避剂
波尔多液制剂和深酒红混合物、熟石灰	在土壤中使用必须尽量减少其在土壤中的积累
钾皂（软皂）	杀虫剂
白明胶	杀虫剂
卵磷脂	杀真菌剂
高锰酸钾	杀真菌剂、杀菌剂
碳酸氢钠液体制剂	
◆石灰硫黄（石硫合剂）包括多硫化钙	杀虫剂、杀螨剂、杀真菌剂
石蜡、蜡的水制剂	杀虫剂、杀螨剂
石英砂	驱避剂
黏板	
二氧化碳制剂	限于在仓储设施中使用
硅酸盐、硅藻土制剂	限于在仓储设施中使用
农用链霉素、新植霉素	

注：带◆的药品的应用必须首先得到有资质资格检查机构的认可。

a.2 用于生物防治虫害的微生物

表 a.2 给出了用于生物防治虫害的主要微生物。

表 a.2 用于生物防治虫害的主要微生物

名　称	描述、成分要求、使用条件
微生物（细菌、病菌和真菌）如苏云金杆菌制剂、颗粒病毒制剂等	只能是非转基因产品
从香菇蘑菇菌丝体中提取的液体制剂	

a.3 在诱捕或驱避剂中使用的物质（表 a.3）

在诱捕或驱避剂中必须保证物质不能进入环境，并且要保证在耕作期这些物质不能与作物接触。诱捕物质在使用后必须回收安全处置。

表 a.3 在诱捕或驱避剂中使用的物质

名　称	描述、成分要求、使用条件
磷酸二铵	引诱剂、只在诱捕中使用
信息素	引诱剂、性行为干扰剂、在诱捕和驱避中使用
皂液和氨	只用作大型动物的驱避剂、不能与土壤或作物的可食部分接触
碳酸铵	只作为昆虫诱捕中的饵料，不能与土壤或作物直接接触
◆水解蛋白质	引诱剂、与本附则 a.2 部分的适当产品结合使用

注：带◆的药品的应用必须首先得到有资质资格检查机构的认可。

a.4 灭鼠剂（表 a.4）

表 a.4 灭鼠剂

名　称	描述、成分要求、使用条件
二氧化硫	只作为控制地下鼠类
维生素 D_3	

a.5 除草剂、杂草防止剂（表 a.5）

表 a.5　除草剂、杂草防止剂

名　称	描述、成分要求、使用条件
皂液	用于农场及其建筑物（车行道、沟、建筑物边界、公用路）维护和观赏作物除草
覆盖物	新闻纸或其他再生纸，要求没有光泽和彩色墨迹；塑料覆盖物和遮盖物（聚氧乙烯（PVC）除外的石油制品）

a.6　消毒剂和清洁剂

消毒剂和清洁剂（含灌溉清洁系统）见表 a.6。

表 a.6　消毒剂和清洁剂

名　称	描述、成分要求、使用条件
酒精乙醇类（乙醇、异丙醇）	
氯化物（次氯酸钙、二氧化氯、次氯酸钠）	水中残留的氯化物不能超过国家引水法规规定的消毒剂最高残留标准
过氧化氢	

附录 B　石硫合剂及波尔多液的配制

一　石硫合剂的熬制及使用方法

石硫合剂是一种优良的全能矿物源农药，既杀虫、杀螨又杀菌，既杀卵又杀成虫，且低毒无污染，病虫无抗性，是无公害食品生产推荐使用农药之一。它对螨类、蚧类和白粉病、腐烂病、锈病都有良好的杀灭和防治效果。在众多的杀菌剂中，石硫合剂以其取材方便、价格低廉、效果好、对多种病菌具有抑杀作用等优点，被广大果农所普遍使用。

1. 石硫合剂的熬制

石硫合剂是由生石灰、硫黄和水熬制而成的，三者最佳的比例是 1∶2∶10，即生石灰 1kg，硫黄 2kg，水 10kg。熬制时，首先称量好优质生石灰放入锅内，加入少量水使石灰消解，然后加足水量，加温烧开后，滤出渣子，再把事先用少量热水调制好的硫黄糊自锅边慢慢倒入，同时进行搅拌，并记下水位线，然后加火熬煮，沸腾时开始计时（保持沸腾 40～60min），熬煮中损失的水分要用热水补充，在停火前 15min 加足。当锅中溶液呈深红褐色、渣子呈蓝绿色时，则可停止加热。进行冷却过滤或沉淀后，清液即为石硫合剂母液，用波美比重计测量度数，表示为波美度，一般可达 25 ～ 30 波美度。在缸内澄清 3 天后吸取清液，装入缸或罐内密封备用，应用时按石硫合剂稀释方法兑水使用。

2. 稀释方法

最简便的稀释方法是重量法和稀释倍数法两种。

1）重量法：可按下列公式计算。

原液需要量（kg）＝所需稀释浓度÷原液浓度×所需稀释液量

例如，需配合 0.5 波美度稀释液 100kg，需 20 波美度原液和水量为

原液需用量 ＝ 0.5 ÷ 20 × 100 ＝ 2.5（kg）

即　　　　　需加水量 ＝ 100 － 2.5 ＝ 97.5（kg）

2）稀释倍数法

稀释倍数 ＝ 原液浓度÷需要浓度 － 1

例如，欲用 25 波美度原液配制 0.5 波美度的药液，稀释倍数为：稀释倍数 ＝ 25 ÷ 0.5 － 1 ＝ 49。即取一份（重量）的石硫合剂原液，加 49 倍重量的水混合均匀即成 0.5 波美度的药液。

3. 注意事项

1）熬制石硫合剂时必须选用新鲜、洁白、含杂物少而没有风化的块状生石灰；硫黄选用金黄色、经碾碎过筛的粉末，水要用洁净的水。

2）熬煮过程中火力要大且均匀，始终保持锅内处于沸腾状态，并不断搅拌，这样熬制的药剂质量才能得到保证。

3）不要用铜器熬煮或储藏药液，储藏原液时必须密封，最好在液面上倒入少量煤油，使原液与空气隔绝，避免氧化，这样一般可保存半年左右。

4）石硫合剂腐蚀力极强，喷药时不要接触皮肤和衣服，如接触应速用清水冲洗干净。

5）石硫合剂为强碱性，不能与肥皂、波尔多液、松脂合剂及遇碱分解的农药混合使用，以免发生药害或降低药效。

6）喷雾器用后必须清洗干净，以免被腐蚀而损坏。

7）夏季高温（32℃以上）期使用时易发生药害，低温（4℃以下）时使用则药效降低。发芽前一般多用 5 波美度药液，而发芽后

必须降至 0.3~0.5 波美度。

二 波尔多液的配制及使用方法

波尔多液是用硫酸铜和石灰加水配制而成的一种果树经常使用的预防保护性的无机杀菌剂，一般现配现用。

1. 配制方法

在果树生长前期多用 200~240 倍半量式波尔多液（硫酸铜 1kg，生石灰 0.5kg，水 200~240kg）；生长后期可用 200 倍等量式波尔多液（硫酸铜 1kg，生石灰 1kg，水 200kg），另加少量黏着剂（10kg 药剂加 100g 皮胶）。配制波尔多液时，硫酸铜和生石灰的质量及这两种物质的混合方法都会影响到波尔多液的质量。配制良好的药剂，所含的颗粒应细小而均匀，沉淀较缓慢，清水层较少；配制不好的波尔多液，沉淀很快，清水层也较多。

配制时，先把硫酸铜和生石灰分别用少量热水化开，用 1/3 的水配制石灰液，2/3 的水配制硫酸铜，充分溶解后过滤并分别倒入两个容器内，然后把硫酸铜倒入石灰乳中；或将硫酸铜、石灰乳液分别在等量的水中溶解，再将两种溶液同时慢慢倒入另一空桶中，边倒边搅（搅拌时应以一个方向，否则易影响硫酸铜与石灰溶液混合，并降低药效），即配成天蓝色的波尔多液药液。

2. 注意事项

1）必须选用洁白成块的生石灰；硫酸铜选用蓝色有光泽、结晶成块的优质品。

2）配制时不宜用金属器具，尤其不能用铁器，以防止发生化学反应降低药效。喷雾器用后，要及时清洗，以免腐蚀而损坏。

3）硫酸铜液与石灰乳液温度达到一致时再混合，否则容易产生沉降，降低杀菌力。

4）药液要现用现配，不可储藏，同时应在发病前喷用。

5）波尔多液不能与石硫合剂、退菌特等碱性药液混合使用。喷施石硫合剂和退菌特后，需隔 10 天左右才能再喷波尔多液；喷波尔多液后，隔 20 天左右才能喷施石硫合剂、退菌特等农药，否则会发生药害。

6）波尔多液是一种以预防保护为主的杀菌剂，喷药必须均匀细致。

7）阴天、有露水时喷药易产生药害，故不宜在阴天或有露水时喷药。

附录 C　常见计量单位名称与符号对照表

量 的 名 称	单 位 名 称	单 位 符 号
长度	千米	km
	米	m
	厘米	cm
	毫米	mm
面积	公顷	ha
	平方千米（平方公里）	km²
	平方米	m²
体积	立方米	m³
	升	L
	毫升	mL
质量	吨	t
	千克（公斤）	kg
	克	g
	毫克	mg
物质的量	摩尔	mol
时间	小时	h
	分	min
	秒	s
温度	摄氏度	℃
平面角	度	(°)
能量，热量	兆焦	MJ
	千焦	kJ
	焦［耳］	J
功率	瓦［特］	W
	千瓦［特］	kW
电压	伏［特］	V
压力，压强	帕［斯卡］	Pa
电流	安［培］	A

参 考 文 献

［1］陈海江. 设施果树栽培［M］. 北京：金盾出版社，2010.

［2］韩凤珠，赵岩. 大樱桃保护地栽培技术［M］. 2 版. 北京：金盾出版社，2013.

［3］于国合，姜远茂，彭福田. 大樱桃［M］. 北京：中国农业大学出版社，2005.

［4］徐继忠，边卫东，邵建柱. 樱桃优良品种及无公害栽培技术［M］. 北京：中国农业出版社，2006.

［5］赵改荣. 大樱桃保护地栽培［M］. 郑州：中原农民出版社，2000.

［6］于绍夫. 烟台大樱桃栽培［M］. 济南：山东科学技术出版社，1979.

［7］高东升，李宪利，张泽华，等. 果树大棚温室栽培技术［M］. 北京：金盾出版社，1999.

［8］边卫东. 大樱桃保护地栽培 100 问［M］. 北京：中国农业出版社，2001.

［9］蒋锦标，吴国兴. 果树反季节栽培技术指南［M］. 北京：中国农业出版社，2000.

［10］朱德兴，董清华. 樱桃栽培技术问答［M］. 北京：中国农业大学出版社，2008.

书　目